三 江 源

三江源国家公园

解说手册

(2019年版)

蔚东英

－主编－

中国科学技术出版社

·北京·

图书在版编目（CIP）数据

三江源国家公园解说手册（2019年版）/ 蔚东英主编 . —
北京：中国科学技术出版社，2019.8

ISBN 978-7-5046-8333-5

Ⅰ . ①三… Ⅱ . ①蔚… Ⅲ . ①国家公园—青海—手册

Ⅳ . ① S759.992.44-62

中国版本图书馆 CIP 数据核字（2019）第 161125 号

策划编辑	杨虚杰
责任编辑	田文芳
封面设计	成思源
正文设计	中文天地
责任校对	邓雪梅
责任印制	马宇晨

出　　版	中国科学技术出版社
发　　行	中国科学技术出版社有限公司发行部
地　　址	北京市海淀区中关村南大街 16 号
邮　　编	100081
发行电话	010-62173865
传　　真	010-62173081
网　　址	http://www.cspbooks.com.cn

开　　本	787mm×1092mm　1/16
字　　数	180 千字
印　　张	15.25
版　　次	2019 年 8 月第 1 版
印　　次	2019 年 8 月第 1 次印刷
印　　刷	北京利丰雅高长城印刷有限公司
书　　号	ISBN 978-7-5046-8333-5 / S·753
定　　价	69.00 元

序　言

　　"国家公园"的概念源自美国，名词译自英文的"National Park"，据说最早由美国艺术家乔治·卡特林 (Geoge Catlin) 首先提出。1832年，乔治·卡特林在旅行的路上，他意识到西部大开发将可能破坏美国原著的印第安文明、大面积的没被干扰没被人类工程破坏的原始荒野以及荒野中的野生动植物，对美国西部大开发对印第安文明、野生动植物和荒野的影响深表忧虑。他写到"它们可以被保护起来，只要政府通过一些保护政策设立一个国家公园，其中有人也有野兽，所有的一切都处于原生状态，体现着自然之美"。1872年，美国国会通过了《黄石法案》，标志着国家公园从概念畅想、探索发展开始正式步入实质性建设，之后即被全世界许多国家所借鉴，成为近代自然保护地发展的一种重要形式。尽管各国关于国家公园的确切含义不尽相同，但由国家管理的以保护国有土地上的珍贵特有自然资源、壮丽美景和文化为目的的能代表国家形象的公共财产这一基本含义不约而同。

　　2013年11月中国共产党第十八届中央委员会第三次全体会议通过《中共中央关于全面深化改革若干重大问题的决定》，正式提出"建立国家公园体制"。2015年12月中央全面深化改革领导小组第十九次会议审议通过《三江源国家公园体制试点方案》，三江源成为我国第一个国家公园体制试点区，之后陆续开展了东北虎豹、大熊猫、祁连山、海南热带雨林等十个国家公园体制试点。2017年10月中国共产党第十九次全国代表大会提出："构建国土空间开发保护制度，完善主体功能区配套政策，建立以国家公园为主体的自然保护地体系"，标志着中国的自然保护地体系将由现在的以自然保护区为主体转向以国家公园为主体的建设阶段，将建立起更加和谐的人与自然关系、更为健全的保护与管理体制机制、促进更加广泛的全民参与和全民共享，使国家公园成为美丽中国建设的稳固基石。

我国和国际上国家公园的理念都坚持生态保护这个原则，坚持生态系统保护的原真性、完整性，坚持国家的代表性，坚持全民参与、惠及全民，为子孙后代留下珍贵的自然遗产。2019年6月中共中央办公厅、国务院办公厅印发了《关于建立以国家公园为主体的自然保护地体系的指导意见》，指出"自然保护地是生态建设的核心载体、中华民族的宝贵财富、美丽中国的重要象征，在维护国家生态安全中居于首要地位。"明确"自然保护地是由各级政府依法划定或确认，对重要的自然生态系统、自然遗迹、自然景观及其所承载的自然资源、生态功能和文化价值实施长期保护的陆域或海域。建立自然保护地的目的是守护自然生态，保育自然资源，保护生物多样性与地质地貌景观多样性，维护自然生态系统健康稳定，提高生态系统服务功能；服务社会，为人民提供优质生态产品，为全社会提供科研、教育、体验、游憩等公共服务；维持人与自然和谐共生并永续发展。"国家公园是"以保护具有国家代表性的自然生态系统为主要目的，实现自然资源科学保护和合理利用的特定陆域或海域，是我国自然生态系统中最重要、自然景观最独特、自然遗产最精华、生物多样性最富集的部分，保护范围大，生态过程完整，具有全球价值、国家象征，国民认同度高。"的自然保护地。

三江源地区是长江、黄河、澜沧江等大江大河发源地，世界高海拔地区生物多样性最集中的地区之一，是亚洲、北半球乃至全球气候变化的敏感区和启动区，也是中国乃至世界生态安全屏障极为重要的组成部分，具有不可替代的生态战略地位。三江源地区分布着众多的河流、湖泊、沼泽，冰川总面积达到1800多平方千米，是全球现代冰川集聚地之一，也是亚洲乃至世界上孕育大江大河最集中的地区。三条江河每年向中下游供水600多亿立方米，其中长江总水量的2.5%，黄河总水量的49%和澜沧江处国境总水量的15%都来自这一地区，是中国淡水资源的重要补给地，素有"中华水塔""具有全球意义的生物多样性重要地区"等美誉。三江源国家公园作为我国第一个国家公园体制试点区，是落实国家战略的重要举措，是推进国家公园建设高质量发展的必然要求，是实现三江源人与自然和谐共生的重要抓手。

三江源国家公园的重要功能之一，是向公众提供自然教育与环境解说服务、为国民提供体悟原真自然和传统文化的机会。北京师范大学蔚东英教授团队在多次现场考察调研的基础上，整理了大量资料，并用易于大众接受的表达体例编撰的《三江源国家公园解说手册》，是三江源国家公园尝试为公众提供教育与解说服务的一次积极探索，也是我们落实《三江源国家公园总体规划》的行动之一。希望通过《三江源国家公园解说手册》让国人更加深入了解三江源的大美景观、丰厚文化积淀和独特的生物多样性，深深爱上这一全人类的自然与文化瑰宝，真正成为国家的象征和国民的骄傲。今后，我们还将积极推动这项工作的深入和不断完善。

青海省林业和草原局党组书记、局长

序言

目 录

第一章

三江源　中国第一个国家公园

一　什么是国家公园

我国为什么要建立国家公园呢？大家都知道我国地域辽阔，陆地国土面积约960万平方千米（内海和边海的水域面积约470万平方千米），居世界第三位。我们国家有丰富的自然资源，有磅礴的河流、壮美的山川、浩瀚的沙漠、茂密的森林、宽广的大海、炽热的火山、壮观的间歇喷泉、古老的化石、有趣的动物、奇妙的植物……数不胜数，可谓千姿百态、气势磅礴、无与伦比、惊叹不已，其中有些重要的和有代表性的自然资源划定区域开展严格的保护和管理，我们称之为自然保护地。国家公园是自然保护地的一种类型。建立国家公园就是为了更好地保护我们祖国宝贵的自然资源。

Tips

> 2019年6月中共中央办公厅、国务院办公厅印发的《关于建立以国家公园为主体的自然保护地体系的指导意见》指出"国家公园是指以保护具有国家代表性的自然生态系统为主要目的，实现自然资源科学保护和合理利用的特定陆域或海域，是我国自然生态系统中最重要、自然景观最独特、自然遗产最精华、生物多样性最富集的部分，保护范围大，生态过程完整，具有全球价值、国家象征，国民认同度高。"

2019年6月中共中央办公厅、国务院办公厅印发的《关于建立以国家公园为主体的自然保护地体系的指导意见》指出："建成中国特色的以国家公园为主体的自然保护地体系，推动各类自然保护地科学设置，建立自然生态系统保护的新体制新机制新模式，建设健康稳定高效的自然生态系统，为维护国家生态安全和实现经济社会可持续发展筑牢基石，为建设富强民主文明和谐美丽的社会主义现代化强国奠定生态根基。"

Tips

以国家公园为主体的自然保护地体系

中国共产党第十九次全国代表大会提出"构建国土空间开发保护制度，完善主体功能区配套政策，建立以国家公园为主体的自然保护地体系"，也就是我们说的国家公园体制。

我国许多保护地是在同一区域重复挂牌，如建立较早的自然保护区与森林公园、地质公园或者风景名胜区地域重叠现象严重。国家级自然保护区与各级风景名胜、各级森林公园、各级地质公园、其他各级自然保护区等存在交叉情况。我们用众所周知的九寨沟做个说明吧。九寨沟有许许多多个名字，比如国家级自然保护区、国家级风景名胜区、国家地质公园、国家森林公园、国家5A景区，种种名号都被加诸这片世外桃源身上。众多名目加身，保护和旅游开发的平衡就变成了一个非常棘手的问题。为了解决这些问题，国家提出以国家公园为重点确立具有中国特色的自然保护地体系框架。

自十八届三中全会提出"建立国家公园体制"以来，我国启动了国家公园体制试点工作。目前国家开展的国家公园体制试点涉及青海、吉林、黑龙江、四川、陕西、甘肃、湖北、福建、浙江、湖南、云南、海南等多个省份。它们分别是三江源国家公园、东北虎豹国家公园、大熊猫国家公园、神农架国家公园、钱江源国家公园、武夷山国家公园、祁连山国家公园、湖南南山国家公园、云南普达措国家公园、海南热带雨林国家公园。其中，三江源国家公园体制试点是我国第一个得到批复的国家公园体制试点，面积12.31万平方千米，也是目前试点中面积最大的一个。

中国地图

图 例

★ 北京   首都

○ 天津   省级行政中心

未定
├┼┼┼┤ 国界

—— 省、自治区、
直辖市界

------ 特别行政区界

● 第一批国家公园体制试点单位

1：30 000 000

审图号：GS(2016)2893号

自然资源部 监制

国家公园体制试点分布图（2019年）

二 三江源国家公园的"重量"

在历史的进程中，三江源是我国生态保护不断深入的传承者，它有着中国历史上最大的试点区，是国家生态保护综合试验区，是中国第一个国家公园体制试点。三江源是中国走向生态文明的历史见证者，从某种程度上说，三江源可以被看作是中国国家公园的象征，它承载着全民族对自然保护和生态文明的希望。而三江源的重要意义远不止这些。

长江、黄河、澜沧江，三条汹涌澎湃、波涛滚滚的江河，源头都在同一个摇篮，那就是青藏高原腹地——三江源。世界上很难再找出这样一个地方，汇聚了如此众多的名山大川；世界上也很难找出三条同样的大河，它们是如此相近，血脉相连。众所周知，长江和黄河是中华民族的母亲河，孕育了璀璨的华夏文明；澜沧江是重要的国际河流，一江通六国，是国家和民族友谊的纽带。所以说，三江源是生命之源、文明之源，保护好三江源，对中华民族发展至关重要。三江源国家公园的"格局"也在无时无刻体现着三江源作为三大江河源头的重要意义。三江源国家公园规划范围以三大江河的源头典型代表区域为主构架，整合了原来的可可西里国家级自然保护区和三江源国家级自然保护区等，形成了包括长江、黄河、澜沧江3个园区在内的"一园三区"格局。

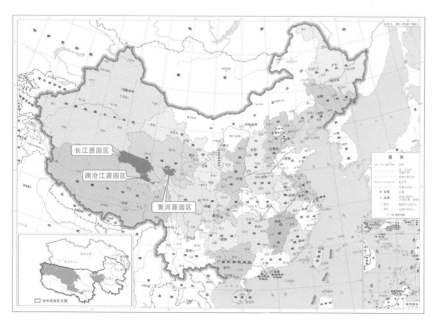

三江源国家公园在祖国的位置

每个人都知道水对于人类的生存而言是十分重要的，没有水资源，人类的生命就不会有色彩，地球的生命就不会有力量。南宋诗人朱熹曾作诗感慨"问渠哪得清如许，为有源头活水来"，三江源作为三大江河源头，孕育了无数的生命。三江之水覆盖了我国 66% 的地区（含南水北调工程覆盖地区），每年向中下游供水 600 多亿立方米，养育了超过 6 亿人口。三江源可谓是数亿人口的生命之源。

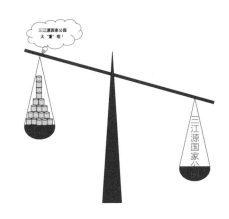

三江源国家公园位于我国西部的青海省境内，平均海拔 3500 ～ 4800 米，处于世界屋脊——青藏高原的腹地。三江源区域同时也是世界高海拔地区生物多样性最集中、面积最大的地区，是亚洲、北半球乃至全球气候变化的敏感区和启动区，是中国乃至世界生态安全屏障极为重要的组成部分。三江源的"安危"关乎的不仅仅是青海省和中国的建设与发展，更关乎的是世界的生态安全问题。因此，三江源不仅仅是中国的三江源，也是世界的三江源。

Tips

建设三江源国家公园体制试点的重大意义

在三江源地区开展国家公园体制试点，在体制试点基础上设立和建设三江源国家公园，是党中央、国务院统筹推进"五位一体"总体布局的重大战略决策，是贯彻创新、协调、绿色、开放、共享发展理念的重要举措，是加快生态文明体制改革、建设美丽中国的重要抓手，是践行"绿水青山就是金山银山"的重要行动，是生态文明制度建设的重要内容，是实现人与自然和谐共生的现代化的具体实践。三江源国家公园体制试点肩负着为全国生态文明制度建设积累经验，为国家公园建设提供示范的使命。三江源国家公园是美丽中国建设的宏伟篇章，是展现中国形象的重要窗口，是中国为全球生态安全做出贡献的伟大行动，是理论自信、道路自信、制度自信和文化自信的具体体现。建立三江源国家公园有利于创新体制机制，破解"九龙治水"体制机制藩篱，从根本上实现自然资源资产管理与国土空间用途管制的"两个统一行使"；有利于实行最严格的生态保护，加强对"中华水塔"、地球"第三极"和山水林田湖草重要生态系统的永续保护，筑牢国家生态安全屏障；有利于处理好当地牧民群众全面发展与资源环境承载能力的关系，促进生产生活条件改善，全面建成小康社会，形成人与自然和谐发展新模式。

——选自《三江源国家公园总体规划》

三　三江源国家公园的"保护伞"

三江源的"空间布局"

在我们的小家中，分布着厨房、客厅、卧室、卫生间等不同的区域，不同的区域有不同的功能。三江源国家公园也分布着不同的功能区。科学规划三江源的空间布局，明确功能分区、功能定位和管理目标，系统保护自然生态系统和自然文化遗产的原真性、完整性，是三江源的其中一把保护伞。

为了更好地理解国家公园的"空间布局"，我们需要先了解以下几个概念。

核心保育区，是维护自然生态系统功能，实行更加严格保护的基本生态空间。该区采取严格保护模式，重点保护好雪山冰川、江源河流、湖泊、湿地、草原草甸和森林灌丛，着力提高水源涵养、生物多样性和水土保持等服务功能。维护大面积原始生态系统的原真性，限制人类活动。

传统利用区，是国家公园核心保育区以外的区域，是当地牧民的传统生活、生产空间，是承接核心保育区人口、产业转移与区外缓冲的地带。

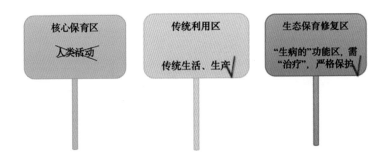

生态保育修复区，将传统利用区内中重度退化草地划为生态保育修复区，加强退化草地和沙化土地治理、水土流失防治和自然封育。以亟须修复的退化、沙化草地为主，强化自然恢复和实施禁牧等必要的人工干预措施，待恢复后再开展休牧、轮牧形式的适度利用，并加强严格保护。

三江源国家公园功能分区			与自然保护区的关系	
功能区	面积（平方千米）	比例（%）	功能区	面积（平方千米）
核心保育区	90570.25	73.55	核心区	41711.49
			缓冲区	43177.76
			实验区	2316.01
			非自然保护区	3364.98
生态保育修复区	5923.99	4.81	核心区	0.00
			缓冲区	0.00
			实验区	5527.28
			非自然保护区	396.71
传统利用区	26647.16	21.64	核心区	0.00
			缓冲区	2088.95
			实验区	21761.59
			非自然保护区	2796.61
合计	123141.40			123141.40

我们作为游客，可能有的时候并不清楚各个功能区的分别，可能不自觉地就闯入了游客不能进入的区域，给自然生态保护工作带来干扰。甚至有人会刻意进入明令禁止的地方，并以此为荣，这些都是不对的哦！我们当中有许多热衷户外的"小伙伴"，可能以为自己的行为是一种"亲近自然"的壮举，但是却没有想到自己的这一壮举，可能会给生活在国家公园深处的野生动物和生态环境乃至于我们自己造成严重的不良影响。

三江源的"科研味道"

在三江源国家公园到处弥漫着"科学研究的味道"，这是三江源国家公园的另外一把"保护伞"。三江源国家公园也是开展科学研究的场所，通过科学研究，我们可以了解国家公园的很多方面，例如气候是什么样的、动植物都分布在哪里、为什么会在公园内的某一个地方出现峡谷或者瀑布、原来生长着很多植物的地方怎么会变得光秃秃的、一条河流的水来自哪里、生活在这里的人有哪些独特的传统文化等。帮助我们解答这些问题的人可以是地质学家、地理学家、气候学家、水文学家、生物学家、社会学家、文化学家、人类学家、考古学家等。他们可以是国家公园内的科研人员、科研机构的科研人员、大学的老师和学生，也可以是你和我。有些国家公园会针对中小学生开设环境教育项目，让中小学生化身小小"科学家"，在公园内进行研学，探索神秘的大自然。

三江源国家公园的科学研究都"研究"什么内容呢？科研人员按照体制机制、生态保护关键技术、生态机理和生态监测、信息化等主要科研方向，开展重点课题研究，为三江源国家公园生态保护和可持续管理提供依据。在应用基础研究上，开展生态和社会本底调研，进行地球科学研究，提升对生态系统演变机理、生态安全格局及气候变化影响等关键领域的认知能力；在技术研发上，有针对性地提升退化生态系统的生态修复技术水平。通过三江源国家公园的科学研究工作，让我们更加清晰地了解三江源"身体的各个组成部分"，如它的地质地貌、水资源、生态系统、生物多样性、民俗文化等。

三江源国家公园内有一项非常重要的科研工作，叫作生态监测。就像我们每个人一生中都经历过很多的考试一样，在国家公园内的植物、河流、山川、沙漠、森林、大海、火山、喷泉、化石、动物也要每天参加"考试"。一般来讲，国家公园内有很多的"摄像头"来监督测量相关的科学数值，我们把这种考试方式叫作监测，我们把这些"摄像头"叫作监测点。那么，国家公园的考试都监测什么呢？下面给大家简单举几个例子：

- 野生动物的数量和分布，尤其是濒危野生动物
- 植物的数量和分布
- 气象
- 水文
- 地质地貌状况
- 土地利用
- 人类活动……

Tips

国家公园内会进行严格地生态监测评估，而监测评估也远比上文描述内容复杂得多。在三江源国家公园，科研人员以青海省生态环境监测网络平台为基础，以国家公园所在县县域为监测评估范围，进一步完善生态监测评估指标体系和标准体系，建立密度适宜、功能完善的地面站网体系，提高以国产高分系列卫星遥感数据为主、中分辨率评估与高分辨率核查相结合的多源协同遥感工作能力，构建以国家公园生态环境大数据中心为核心平台、卫星通信链路和光纤传输链路结合、多部门联动的三江源国家公园生态环境数据服务云平台。积极开展以应对气候变化为引导的生态系统变化预警研究。与流域管理机构在三江源地区的水文、水质和水生态监测相互衔接，构建流域管理和区域管理相结合的良性机制。定期开展自然资源监测评估并予发布。将资源环境承载能力分析和研究作为国家公园建设

的一项长期基础工作，逐步建立与国家公园目标相适应的资源环境承载能力评估及标准体系，为采取切实可行的保护和恢复措施提供依据。

——选自《三江源国家公园总体规划》

Tips

生态监测小故事：长江源区牧民助科研人员首次发现雪豹固定种群动态变化情况

2019年4月24日，我国科研人员通过分析长江源区牧民6年来先后提供的连续监测结果，首次掌握当地一个雪豹固定种群的动态变化情况，具有重要科研意义。

2013年10月，北京大学与北京山水自然保护中心合作，在位于长江源区通天河畔的云塔村开展牧民生态监测培训。近6年来，掌握相关知识的云塔村牧民共监测识别出23只成年雪豹个体，帮助科研人员初步发现该物种因争夺领地、廊道迁徙等行为，产生的种群动态变化现象。

云塔村地处青海省玉树藏族自治州玉树市哈秀乡境内。过去6年，该村14位牧民生态监测员每3个月轮流上山维护回收一次红外相机，风雨无阻。他们将6年来的数据资料陆续汇总提交至北京大学，供科研人员分析研究。

北京大学科研人员初漠嫣指出，根据牧民累积提供的监测结果，云塔村识别出的成年雪豹中，可鉴定性别的有4只雌性雪豹和9只雄性雪豹。该区域雪豹数量稳定增长，监测启动至今，它们共产下9只健康的雪豹幼崽。

科研人员通过分析监测结果同时发现，云塔村短暂过境的雪豹很多，当地种群内部的个体地位较不稳定，经常出现强势雄性雪豹领地被其他新到达雄性雪豹迅速瓜分并占领的现象。

北京大学自然保护与社会发展研究中心博士后肖凌云说，云塔村地处长江源区通天河畔，周边生物多样性丰富。冬季时，野生动物可沿河道或越过封冻河流进行快速迁徙，全程畅通无阻。种种迹象表明，当地很可能是一条连接周围雪豹种群的重要通道。

"上述发现基于云塔村牧民的监测分析所获，均为极具价值的有效信息。"肖凌云说，今后科研人员将持续在当地开展深入研究，同时借鉴云塔村相关经验，在三江源地区进一步推广牧民生态监测培训工作。

北京山水自然保护中心工作人员加公扎拉说，三江源地区不少牧民长期与野生动物为伴，有大量时间深入观察。接受科学培训后，牧民结合传统经验的部分分析与发现，常为科研人员带来诸多启发。

除助力科研取得一系列监测结果外，云塔村牧民对野生动物的感情也日益加深。"监测工作使我更加明白，野生动物和牧民都是大自然的子民，共享着同一片天空和大地。动物们生活得好，我们也会过上好日子。"云塔村牧民当真文德表示。

哈秀乡党委书记扎西尼玛说，三江源国家公园鼓励社会力量参与生态保护。近年来，越来越多牧民自发投入生态事业，已逐步形成一定的生态保护自觉。

报道来源：新华网

保护三江源的"英雄"

在三江源国家公园内，有一些区域是为原住居民保留，用于基本生活和开展传统农、林、牧、渔业生产活动的区域。这些居民世代生活在公园内，工作在公园内，可谓是国家公园里的"钉子户"。这些"钉子户"也会参与到国家公园的保护与管理中来。三江源国家公园建立园区牧民参与机制，众多牧民从草原利用者变成草原保护者。他们化身成为三江源国家公园的生态管护巡查员，成为三江源国家公园的守护者。这是三江源国家公园的又一把"保护伞"。

三江源国家公园按照园区内牧民"户均一岗"设置生态管护公益岗位，负责对园区内的湿地、河源水源地、林地、草地、野生动物进行日常巡护，开展法律法规和政策宣传，发现报告并制止破坏生态行为，监督执行禁牧和草畜平衡情况，建立牧民群众生态保护业绩与收入挂钩机制。区内共有牧户 17211 户，将设置 17211 个岗位，使 6% 的牧民实现转产。

三江源国家公园的生态管护员

4月10日一大早，扎西裹着棉衣，套上印着"生态管护员"的马甲，骑着摩托车出门了。去鄂陵湖的砂石路上冷风正劲，足以忘记人间四月的芳菲。

扎西今年47岁，是果洛藏族自治州玛多县的一名环卫工人。他的媳妇依毛是三江源国家公园黄河源园区的一名生态管护员，草原巡护是依毛每天必不可少的工作。玛多县海拔高，野外风沙大，气候苦寒，在几天前，依毛患上了严重的伤风感冒。媳妇病了，这几天无法担任巡护的工作，扎西主动接替起巡护的工作。

"我媳妇病了，我就要替她扛起责任，她做了生态管护员，守护生态是我们全家的责任！"管护工作虽然辛苦，但说起自家媳妇，扎西脸上写满疼爱、自豪。不仅是出于对媳妇的疼爱，扎西每一次接替依毛的工作，更多的是出于对自然的敬畏。

春节前后，持续不断的大雪使果洛进入了冰雪世界，雪灾降临了。黄河源区的野生动物没有食物，生命岌岌可危。救助野生动物是生态管护员的职责，背草料、挖雪路对依毛这个弱女子来说，太过于辛苦，一次又一次，扎西接过了依毛手中的责任。

"动物在冰天雪地中没有草吃，要是冻死了，太可怜了！"扎西眼中满含悲悯，"动物们现在不怕人，我们放下草料它们就过来吃，以前看见人都要跑得远远的！"

2016年，依毛和村里的十一人一起申请成为黄河源园区的生态管护员，依毛从事生态管护的这三年，他们两口子既是生态保护的参与者，也是见证者。

"从前，牧民的旧衣服在草原上扔的到处都是，现在你去草原上看看，连一只袜子都找不到！"自从三江源国家公园范围内实施"一户一岗"制度，扎西也看到了青青草色变得越来越纯净，牧民的环保意识也越来越强，"现在牧民都养成了习惯，看到地上的垃圾都会随手捡起，统一装好后用摩托车送到县城的垃圾站去。"

虽然扎西是一名环卫工人，但却同样守护着这一片净土，他说："我相信，夏天草原上的花会开得更加美丽，河流会更清澈，野生动物会更多。"

一代又一代牧民的默默付出，只为守护三江源头的碧水青山。

报道来源：人民网

除了三江源国家公园内的"钉子户"，保护国家公园的"英雄"也有很多。国家成立了国家公园管理局"管理"国家公园的日常运行。每个国家公园内也有很多的工作人员"照顾"着国家公园的方方面面，就像妈妈照顾我们一样，精心呵护。地质学家、地理学家、气候学家、水文学家、生物学家、社会学家、文化学家、人类学家、考古学家等科研人员，也为国家公园的"成长"贡献出了力量。这些保护三江源国家公园的"英雄"也是三江源国家公园的"保护伞"。那我们呢？我们也可以做保护国家公园的"英雄"吗？有哪些我们可以做得力所能及的事情呢？我来说一说。

- 减少一次性物品的使用，出行时携带筷子、水杯、手帕、环保购物袋、碗等环保物品

- 不乱扔垃圾，不留一点垃圾

- 不攀爬古迹

- 拒绝使用不可降解塑料制品

- 拒绝购买野生动物制品

- 践行少用、再用和回收的原则

- 杜绝一些粗俗的行为

- 向家人和身边的人宣传环保知识……

你也来说一说，关于做保护国家公园的"英雄"，有哪些我们可以做的力所能及的事情呢？

_____

_____

_____

_____

_____

三江源在众多"保护伞"的庇护下正健康茁壮发展，人与自然和谐统一的基调会持久传承下去。三江源国家公园的地质地貌、水资源、生态系统、生物多样性、民俗文化塑造了独一无二的三江源，而它的独特性与重要性成就其成为中国第一个国家公园。

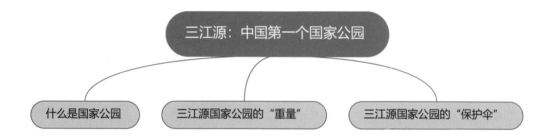

第二章

山川之美　古来共谈

三江源地区的冰川 闹布·文德摄

三江源的高山 蔡征摄

三江源的丹霞景观 陈锡明摄

三江源的湿地和辫状河 闹市·文德摄

三江源的河流 李秉廷摄

三江源，山宗水源之地

在中国广袤大地的西部、青海省南部，藏着一个"人间仙境"。这里群山错落，巍峨连绵；这里平均海拔高达 3500 ~ 4800 米，深藏于青藏高原腹地；这里空气稀薄，人迹罕至。这里是三江源，孕育了中华民族、中南半岛悠久文明历史的世界著名江河：长江、黄河和澜沧江，它们在这里涌出第一滴水，汇出第一道流，蜿蜒出第一个湾。

青藏高原腹地的三江源，地貌以山原和高山峡谷为主，中西部和北部为河谷山地，有大面积的高寒草甸和沼泽湿地；东南部唐古拉山北麓则以高山峡谷为多，地势陡峭。这里高山耸立，雪山连绵；这里峡谷深切，气势壮阔；这里湿地广袤，河流纵横；这里河网密布，湖泊如珠；这里丹霞绚丽，风景如画……

这里展现了独特的原始风貌，雪山、冰川、山岩、土壤、河流都保持着纯自然的发育过程，蕴含着巨大的自然生态价值。跟随我们的步伐，一起来探索三江源的沧海桑田吧！

三江源地貌整体概况 切嘎摄

一 高原腹地的人间秘境

三江源地区位于我国青海省南部，是"世界屋脊""第三极"——青藏高原的腹地，平均海拔 3500 ～ 4800 米。西北临新疆维吾尔自治区，南临西藏自治区，经纬度大致为北纬 31° 39′~36° 12′，东经 89° 45′~102° 23′，总面积为 30.25 万平方千米，约占青海省总面积的 43%、占中国总面积的 3.1%，比英国的国土面积还要大。

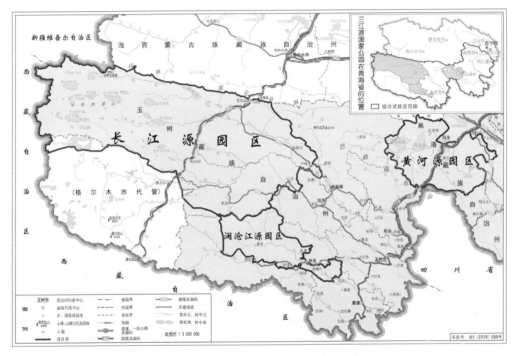

三江源国家公园区位图

青藏高原是世界上海拔最高、最年轻的高原，它对中国乃至亚洲的影响都是巨大的。三江源坐落在这个高原上，必然一呼一吸都与之密切相关。如果没有青藏高原，三江源就无法孕育出对创造华夏文明至关重要的黄河、长江，以及滋养中南半岛的澜沧江，也无法孕育出这崇山峻岭、湖天一色的壮观的景象。

1 三江源的身世之谜

正是有了青藏高原这位伟大的"母亲"，才造就出三江源这一"人间仙境"。而它创造三江源的"法宝"就是"高"！作为第三极的青藏高原，世界上没有谁能轻易打败它。那么青藏高原一开始就是现在这么高吗？

其实不然，青藏高原是慢慢"长高"的。在恐龙还未成为"世界霸主"的两亿八千万年前，青藏高原正沉睡在古地中海的海底。印度板块经历长途跋涉后终于与欧亚板块相遇，两个板块像许久不见的"老朋友"一样，紧紧相拥，因此到三千万年前，古地中海消失。随着时间流逝，两个"老朋友"长高了，此时青藏高原慢慢露出了它的"脸庞"。但好景不长，这两个"老朋友"吵架了，它们不断地挤压、碰撞，青藏高原就像是被它们夹在中间的气球，向上拉伸，开始不断隆升。之后，经历三次剧烈的抬起，青藏高原与喜马拉雅山发育成形，昆仑山、祁连山、阿尔金山上升，柴达木盆地沉降，青藏高原才成为现在的青藏高原，三江源才有机会成为现在的三江源。

印度板块与欧亚板块碰撞

黄宝春，陈军山，易治宇．再论印度与亚洲大陆何时何地发生初始碰撞［J］．地球物理学报，2010，53（09）:2045-2058.

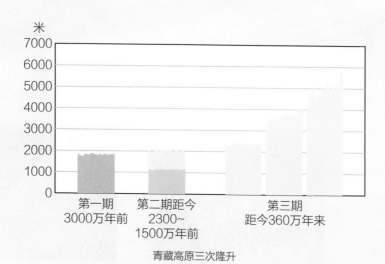

青藏高原三次隆升

2 大地历史的印记

青藏高原的隆升造就了三江源如今的大好山河，也给三江源留下了深深的印记。青藏高原的隆升过程持续了近6000万年，这6000万年对于人类来说是如此的漫长，最老的祖先也没有亲眼见证高原隆起、江河归源，但是大自然却留给我们各种各样的印记，这些印记向我们诉说着三江源过去的故事。

① 一眼万年的"石头"——化石

在三江源杂多县－治多县区域，科学家们发现了大量的石炭纪蜓类动物群化石。这类生物群过去主要生活在低纬度温暖的浅水海域中，这些化石的发现间接证明了三江源所在的地方曾是一片汪洋大海。而在杂多县附近的雁石坪镇，科学家们发现了侏罗纪和白垩纪时期（晚于石炭纪）的奇异蚌动物群，这类动物群过去主要生活在滨岸湖泊中。这两个地方的化石为我们展现了三江源随时间产生的隆升变化。

珠峰中华旋齿鲨　张潇绘

喜马拉雅鱼龙　张潇绘

菊石

鹦鹉螺

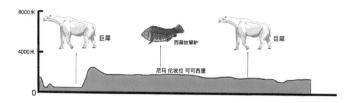

渐新世（2300万—3400万年前）　张潇绘

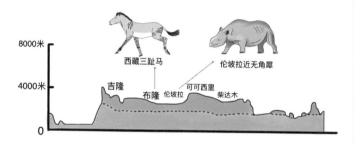

中新世（2300万—530万年前）　张潇绘

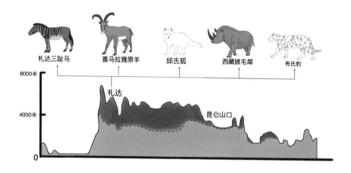

上新世（530万—260万年前）　张潇绘

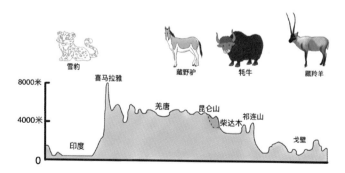

现代　张潇绘

② 大自然的神笔——地质遗迹

除了从化石来看三江源的前世今生，大自然还有一支神笔，在三江源挥洒出一道道美丽而又神秘的印记——地质遗迹。三江源拥有丰富的地貌变化，反映出历史上剧烈的地壳活动，延续至今。其中可可西里具有"三山间两盆"的态势，几乎呈平行相间排列的山脉、湖盆自北向南排列，整体形成具有观赏和研究价值的地质地貌景观。

可可西里横跨青海和西藏两个省，面积约为23.5万平方千米，相当于广西壮族自治区的面积，其中在青海的面积约为8.4万平方千米。它经历了复杂的构造演化和地表过程，形成了种类丰富、类型独特、极具科考价值的地质遗迹景观。可可西里地区是中国乃至全世界唯——处完整记录青藏高原隆升过程并完好保存地质遗迹证据的高原盆地。可可西里地质遗迹对研究天然地震机制、青藏高原北部隆升过程及全球气候变化均具有重要的意义，对人们预测地震、青藏高原今后的变化及未来全球的气候变化有很大的帮助。当然，这些地质遗迹也形成了可可西里独特的景观，展现了大自然的鬼斧神工。

布喀达坂峰　扎西江措摄

冰舌　扎西江措摄

楚玛尔河　李晓东摄

太阳湖　文扎摄

可可西里地貌断层三角面　扎西江措摄

三江源的山脉景观　肖巴摄

二　积雪下的高山是神的家乡

　　群峰簇拥于三江源，群山耸立错落，雪山连绵，云雾缭绕，带着莫测高深的神奇风韵。古人将最丰富的想象力都挥洒在这不可触及的崇山峻岭上，三江源的山多被赋予宗教色彩，这里，无一座高山不是神山，也许你不经意间路过的山峰就是一座有故事的神山。阿尼玛卿山、年保玉则山、各拉丹东、玉珠峰等一座座神山和著名雪山，冰洁与玉透，神圣又神秘。

　　三江源的山充满天地之间的庄严。它，沉稳、旷达、辽阔、壮观、绝美。

1 | 天神守护的仙境

　　三江源地区的山脉走向大致平行，多沿东－西、西北－东南方向排列，像排列整齐的天兵天将仁立在三江源南北，保护着三江源。这里的山脉摩天凌云、绵延巍峨。若你站在群山绝顶向东望去，你会看到号称五岳之首的泰山小如拳石。这些山脉的形成与板块碰撞有直接的关系。印度板块与欧亚板块的碰撞就像小汽车撞上了大火车，它们被挤压变形，形成了一条条东－西、西北－东南走向的山脉。

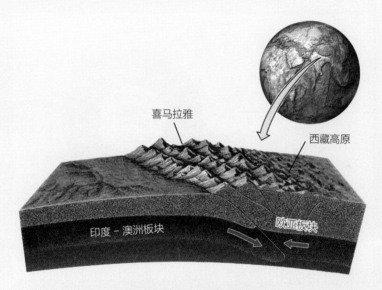

青藏高原山脉的形成　刘英绘

2 | 三江源的脊梁

　　源区的主要山脉有昆仑山、唐古拉山、巴颜喀拉山、阿尼玛卿山、可可西里山，主要的山峰有年保玉则峰、各拉丹东峰、玉珠峰等。这些高峻的山脉和山峰虽然同处于三江源，但它们有各自的魅力，或高拔，或险峻，或磅礴，或逶迤，或圣洁。它们高耸入云，如擎天之柱，成为三江源的脊梁。

①昆仑山，百神所在

莽莽昆仑，横空出世。作为中国西部的主干山系，昆仑山脉像条巨龙横贯亚洲中部，被誉为"亚洲脊柱"。昆仑山脉主体在青海，在新疆、青海境内有3000多千米长，平均海拔5600米，它身躯庞大，由它衍生出数座大山，这些山峰像晶莹剔透的玉珠一般镶嵌在昆仑山脉这条巨龙的背上。

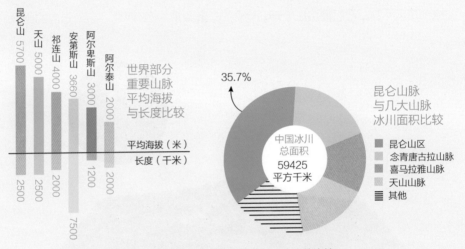

世界主要山脉平均海拔和长度与昆仑山的比较

"昆"为高的意思，"仑"则是形容屈曲盘结的状貌。藏语"阿玛尼莫占木松"，是祖山的意思，在古籍中，尊其为万山之宗，是中华民族的象征。在中原先民的眼里昆仑山脉是一座"高万仞"的白神居所，因此昆仑山脉承载了以西王母和黄帝为主要形象的中国最庞大的神话体系之一。在这个神话体系里有大家熟知的《西游记》里的各路神仙，还有后羿射日和嫦娥奔月的经典故事。

数千年来，延绵千里的昆仑山脉滋养了温润的和田玉，也哺育了晶莹的昆仑玉。古代先民采挖玉石，再将玉石运往河南（中华早期文明的腹心之地）和欧亚各国，先民运输的道路后被称为"玉石之路"。经考证，正是因为有了玉石之路，它由近及远地不断延伸，才有了丝绸之路。昆仑玉凭着自身优势"打败"中国四大名玉：新疆的"和田玉"，陕西西安的"蓝田玉"，河南南阳的"独山玉"，以及辽宁岫岩的"岫玉"，成为奥运奖牌的制作材料，自此昆仑玉逐渐走进国人、国际视线。

②唐古拉，雄鹰飞不过去的高山

　　唐古拉山脉位于西藏与青海的边界处，东段是西藏与青海的界山，是西藏和青海握手的地方。在藏语中，"唐古拉"意为"高原上的山"，在蒙古语中意为"雄鹰飞不过去的高山"。这条在海拔 5000 米的高原上绵延耸立的山脉，整个山体宽 150 千米以上。山峰上的小型冰川，为长江、澜沧江等河流的发源地，江河之水在这里凝结成晶莹的冰川，下游奔腾的江河暂时在这里安眠着，等待春天的来临。

　　青藏铁路穿越唐古拉山，唐古拉山越岭地段是青藏铁路全线气候最恶劣、地质条件最差、施工难度最大的区段。穿越唐古拉山的难也在传说中体现出来：相传，当年文成公主远嫁吐蕃，当来到唐古拉山时，被漫天的大雪所阻而无法前行，无奈之时，经随行僧人的点教，公主将其乘坐金轿上的莲花座留下镇风驱雪，这才得以安然过山。当年成吉思汗率领大军欲取道青藏高原进入南亚次大陆，却被唐古拉山挡住去路。恶劣的气候和高寒缺氧，致使大批人马死亡。所向披靡的成吉思汗，只能望山兴叹，败退而归。

唐古拉山景观　张景元摄

　　而在海拔5321米的唐古拉山垭口，是青藏公路的最高点，也是世界公路的海拔最高点。对旅游者而言，5321米就是他们极力想穿越的高度，哪怕不能穿越，乘坐车辆前往西藏的人们，也大多选择在这里留下一张纪念照。由于唐古拉山口的坡缓、高差小而不显得难以逾越，因此任何一个前往青藏高原的人，都会在山口处停留，哪怕数秒，也要在这片土地上站一站，感受这片接地气、连天空都最深、最纯、最圣洁、最厚重的地方。而那些常年飘荡在这里的哈达、风马旗、经幡，更让人感受到一种无形的力量，感受高原最典型的呼吸和脉动。

③巴颜喀拉，李白的心头山

　　诗仙李白有言"黄河之水天上来"，这"天上"在哪？为何会让李白如此念念不忘？其实这里的"天上"指的就是巴颜喀拉山。巴颜喀拉在蒙古语中是"富饶青色的山"，是古时唐蕃古道，是民国时期到新中国成立前的清康公路，也是如今的 214 国道上海拔最高的地方。中国古代称巴颜喀拉山为"小昆仑",著名古籍《山海经》曾有记载:"昆仑山在西北,河水出其东北隅。""出其东北隅,实惟河源。"可见从中国远古时代,人们就已认定巴颜喀拉山(扎曲、约古宗列曲、卡日曲三条河流的汇入地)为黄河的发源地。

巴颜喀拉山地势高寒,气候复杂,但是雨量充沛,山前遍布大小沼泽和湖泊,其中著名者为星宿海、扎陵湖和鄂陵湖,是青海南部重要的草原牧场。这里盛产被人们称之为"高原之舟"的牦牛和举世闻名的藏系绵羊,故有"牦牛的故乡"之称。

公元 7 世纪初,吐蕃赞普松赞干布统一了青藏高原,与当时的唐王朝建立了友好关系,并多次向唐王朝请婚。唐太宗于贞观十五年(公元 641 年)派李道宗护送文成公主入藏和亲,经日月山口、巴颜喀拉山口前往吐蕃首都拉萨。以后,唐朝又遣金城公主入藏,嫁与尺带珠丹(吐蕃王朝第 36 任赞普)。公主入藏及唐蕃通使都是经由这条线路。古道沿途尚存有唐蕃交往的遗迹,流传着美妙的传说。

巴颜喀拉山景观 蔡征摄

④阿尼玛卿，孔雀翎上的雪峰

阿尼玛卿山是黄河源头（约古宗列曲）最大的山。其山势磅礴，在280平方千米的大地上耸立着18座海拔5000米以上的雪峰，分布着50多条大大小小的冰川。阿尼玛卿山因此得名，藏语翻译后叫"千顶帐篷"，意思是像"几千顶帐篷一样"的冰川，仿佛是藏族同胞引以为自豪的旷世英雄——格萨尔王的驻军场，是藏民心中的神山之一。

公元1775年，乾隆皇帝发动了史称"十全武功"的十次战役，平定边疆和台湾，远征缅甸、安南。但是黄河泛滥成灾，他就派人不远万里到阿尼玛卿雪山地区祭告河神，望祭雪山，还让西宁办事大臣每年拨款祭祀山神。之后就有了延续至今的祭山习俗。

1926年，以美国《国家地理》记者身份来中国考察的洛克被阿尼玛卿山的壮美与神秘吸引，成为这里探险的第一位白人。他测算认为阿尼玛卿山以8500米的高度稳居世界最高峰，这引起了西方世界的极大兴趣。直到1960年，它的真实高度才被北京地质学院〔现中国地质大学（北京）〕登山队揭开面纱，之后探险者的足迹愈加频繁，甚至有人付出了生命的代价。

阿尼玛卿雪山上有着巨大而美丽的冰川，约为黄河源区冰川的90%，而黄河源区的水量占到黄河的40%以上，阿尼玛卿雪山，是黄河成长的真正摇篮。这里呈现着古拙原始的地貌：是大山的王国，山脉交错，雪峰耸立，一座座高峻挺拔的大山托举着这片土地；是众水的家园，河流纵横，湖泊繁多，鄂陵湖、扎陵湖、星宿海等数千湖泊宛若一面面明镜与天空相辉映，水天一色。雪峰之下，可以看到让黄河得以壮大的星宿海地区，众多湖泊连缀在一起，正如孔雀开屏一般美丽，也就有了孔雀翎上的雪峰之称。

阿尼玛卿山景观　赵金德摄

⑤可可西里，云巅伊甸

　　可可西里山是昆仑山脉南支，蒙古语为"美丽的少女"之意，但是在藏语当中，它叫"阿青公加"，意思是荒芜的土地。由于很少有人能真正从它的腹地穿过，所以横看成岭侧成峰，它成了一个谜语，成了中国 960 万平方千米土地上的一片留白。

　　让可可西里保持荒野本色的是各式各样的"荒野技能"。第一个技能是寒冷，可可西里平均海拔 5000 米以上，相比之下，拉萨海拔仅 3600 余米，高海拔造

可可西里山景观　刘山青摄

就可可西里的冰川之景，行走其中，仿佛面对的是一堵堵冰墙，让你置身于南极大陆。当天气转暖，可可西里保持荒野本色的第二项技能也随之产生，即湖沼化（春天温度升高，冰雪融化并流入可可西里的盆地，盆地平坦、排水不畅），由此积水成湖。可可西里面积 200 平方千米以上的湖泊就有 7 个，1 平方千米以上的湖泊总面积达 3825 平方千米，相当于 600 个西湖，是中国甚至世界上湖泊分布最密集的地区之一，比千湖之省——湖北的湖泊还要多，是当之无愧的"中国水乡"。正是因为拥有了这两项技能，可可西里几乎没有人为改造的痕迹，这使其成为世界第三大、也是中国最大的一片无人区，是最后一块保留着原始状态的自然之地。因此这块原始的自然之地成为野生动物的伊甸园。野牦牛、藏羚羊、野驴、白唇鹿、棕熊……青藏高原上特有的野生动物在这里自由驰骋。

⑥登峰造极

在这些延绵不断的山脉之上，还有无数座高峰，这些山峰高耸入云，每一座都各有特色。说到三江源的山峰，就不得不提巴颜喀拉山脉、唐古拉山脉和昆仑山脉这三条"脊梁"上的主峰：年保玉则峰、各拉丹东峰和玉珠峰。

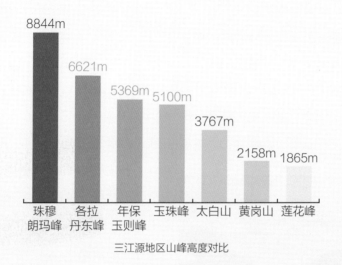

三江源地区山峰高度对比

有人曾说：没有深入黄河源头的果洛，无法真正理解天蓝水清的意境；不曾去过雪域果洛，就不会知道大美青海有个风景如画，被称为"天神的后花园"的地方——果洛的年保玉则。从亿万年前大地造山运动造就了青藏高原的那一刻起，

年保玉则峰景观　依加摄

年保玉则就出现了。年保玉则峰是巴颜喀拉山最高峰，海拔5369米。它的顶部由3个常年积雪的山头组成，山体则由好几条山脊和相应的峡谷组成，如同一朵圣洁的雪莲花。年保玉则峰有面积约8平方千米的高原冰川，稍大于北京的水立方，壮观的冰体与鬼斧神工般陡峭的山岩，为它披上了神秘的面纱。年保玉则还被誉为高原冰川发育的"万卷书"，65万年以来，致密坚硬的年保玉则山地，经历了不同时期的冰川消融以及冰蚀作用，演化成了众多的峭壁石崖、峰林谷梁等冰蚀地貌景观。冰雪融化后，在雪峰周围的山谷中汇成大大小小160多个湖泊，像一面面镜子，年保玉则的美丽倒影也被展现出来，山水天一色。

各拉丹东峰景观　闹布·文德摄

各拉丹东峰位于唐古拉山脉中段，是其最高峰，藏语意为"高高尖尖的山峰"，海拔6621米。格拉丹东冰山群属于山岳冰川，高达六七十米的冰塔林，银盔白甲，高耸入云，一座挨一座，有的像撑天玉柱，有的如摩天水晶楼，有的似宝剑寒气凌凌直刺云天，有的锋如奇塔异峰千姿百态，冰塔林中，有高高耸起的冰柱，有玲珑剔透的冰笋，有形如彩虹的冰桥，有神秘莫测的冰洞，还有银雕玉琢的冰斗、冰舌、冰湖、冰沟……神工鬼斧，冰清玉洁，简直是一座奇美无比的艺术长廊。各拉丹东冰峰附近海拔6000米以上蕴藏的冰山水晶石，被称为"江源瑰宝"。各拉丹东雪山群，南北长达50千米，东西宽约20千米，冰雪覆盖方圆670平方千米，周围还有20多座6000米以上的高峰。雪山脚下冰岩上的纹路是亿万年岁月雕琢出来的年轮，这也就是冰川的真实面貌。众多的冰川融水形成溪流，汇合成大面积的沼泽地带，形成星罗棋布的湖泊，这些湖泊和沼泽就是世界第三大川长江的生命之源，长江就发源于各拉丹东峰西南侧。

玉珠峰是昆仑山东段最高峰，南缓北陡，南坡冰川末端海拔约5100米；北坡冰川延伸至4400米。山峰顶部常年被冰雪所覆盖，几乎无岩石表露。玉珠峰四季银装素裹，巍然耸立于蓝天白云下，冰川似白玉砌成的天梯，让人望而生畏。

玉珠峰山脚海拔 5050 米，距离山顶高度只有 1128 米，因此玉珠峰的山形地貌对于登山初学者是非常理想的。其南坡路线清楚明了，对于攀登技术要求较低，同时玉珠峰南坡已被风化成馒头状山峰，坡度较缓。北坡则相对复杂，具有冰裂缝、冰

玉珠峰景观　闹布·文德摄

塔林、冰陡坡、刃形山脊等种种地形，特别适合大部队的登山训练活动。

三　高原上的冰雪奇缘

在三江源，有许多海拔超过 5000 米的高山，随着海拔的升高，山体上部的温度降低到 0℃以下，进入冰冻圈，山顶常年积雪，经过年复一年的压实之后，在自身的重力及压力下运动形成了冰川。冰川是地球上最大的淡水资源库，也是继海洋之后最大的天然水库，冰川融水是三江源地区河流发育的重要水源。冰川以十分缓慢的速度运动，在这个过程中会对冰川下的地表重新塑造，改变地表的形态。三江源地区有冻土分布，冻土的冻融交替作用也会作用于地表形态，形成独特的冻土地貌（也称冰缘地貌）。

三江源冰川景观　张胜邦摄

中国现代冰川分布的地域辽阔，北起阿尔泰山，南至云南丽江玉龙雪山，西自帕米尔，东到四川贡嘎山，跨越新疆、西藏、甘肃、青海、四川和云南等6个省区，纵横2500千米，总面积约56500平方千米（约为青海省面积的7.8%），占亚洲冰川总面积的40%，储水量达50000亿立方米。2018年我国全年用水量为6110亿吨，按这个标准来计算，全国的冰川储水量够全国人民使用8.18年。青藏高原是我国冰川的主要分布区域。

①高原上的白色地带

三江源区的冰川主要分布在昆仑山海拔5000米、唐古拉山海拔5800米以上的山地。各拉丹东雪峰西南侧的姜根迪如，两条向山谷延伸的冰川前段滴水处

三江源冰川景观　才让当周摄

就是海拔6300多千米长的长江零千米起点，这里被确定为长江的正源，是地球上不多见的大陆型冰川发源的外流河源头；黄河源区的巴颜喀拉山山顶终年积雪，分布着古代和现代冰川；澜沧江源头地区冰川为典型的大陆型冰川，地理位置上处于唐古拉山与巴颜喀拉山之间，是受大陆性气候影响的地区。源区最大的冰川是色的日冰川，面积为17.05平方千米，是查日曲两条小支流穷日弄、查日弄的补给水源。

②姜根迪如，万里长江之始

三江源地区发育了许多河流，长江、黄河、澜沧江等大河从这里开始千里奔流的旅程。这里的降水量并不大，这些河流的水源多来自冰川融水。各拉丹东峰下的姜根迪如冰川就是万里长江开始的地方。

姜根迪如冰川景观　闹布·文德摄

各拉丹东冰峰下有大大小小冰川104条，覆盖面积达790.4平方千米。南北两条呈半弧形的大冰川，一条是南支姜根迪如冰川，海拔为6548米，长12.8千米，宽1.6千米，冰川尾部有5千米长的冰塔林；另一条是北支冰川，长10.1千米，宽1.3千米，尾部有2千米长的冰塔林。这两条大冰川共同构成了一个庞大的固体水库，成了长江的发源地。"姜根迪如"藏语意为"狼山"，人越不过的意思；"各拉丹东"藏语是"高高尖尖的山峰"。位于唐古拉山各拉丹东雪山西南侧，海拔6542米，长江正源沱沱河就发源于此。我国曾在1976年、1978年两次派出江源考察队至长江源头考察。根据水文地理等资料，1979年正式确认沱沱河上游的姜根迪如冰川为长江正源。

③冰川是雕塑家

三江源地区的高山多有冰川和白雪覆盖，山顶和山脊锋利如刀，这是冰川"雕刻"出来的。在雪线附近的平缓山坡或浅洼处，多年的积雪聚积。由于冻融频繁，岩石被破坏形成碎屑并向低处运动，形成洼地，从而堆积更多的冰雪，进而形成冰斗冰川。随着冰斗不断扩大，冰斗的位置也逐渐向坡上移动至雪线以上，相邻冰斗之间的山脊变成刀刃状，成为刃脊，几个冰斗后壁交汇的山峰峰高顶尖，称为角峰。冰川前进运动，下切和向两侧展宽侵蚀，侵蚀出的冰川谷因为形状为U形，称为U形谷，三江源的许多山谷都是冰川运动侵蚀的结果。

冰斗、刃脊和角峰 张景元摄

U形谷 陈英聪摄

雪线是什么线？

山上的温度随着海拔的升高而逐渐降低。在中低纬度的山区，由于山体海拔很高，温度低到冰雪常年不化。积雪的面积和高度随着季节变化，每年最热月的积雪区下限的高度大致在同一高度，这一高度的界线就称为雪线。

④冰川退缩与冰川研究

由于气候变化和人为因素叠加，20 世纪末期，三江源地区生态恶化，冰川退却，虫害严重，草场退化，鼠患成灾，导致局部地区荒漠化与沙漠化趋势明显，其中黄河源头玛多县"千湖之县"一度名存实亡。一个让人震惊的数字是，近 30 年来三江源冰川退缩的速度是过去 300 年的 10 倍，仅长江源区冰川，年消融量就达 9.89 亿立方米。作为长江、黄河、澜沧江的发源地，这些冰川所系的不仅仅是这些藏民的家园，更是整个中国的家园。青藏高原是全球气候变化实验室，如果这里被破坏，受到影响的不仅仅是三江源，也不仅仅是中国，而是全世界。中国八成以

冰川退缩、消融　苏金元摄

041

冰芯污化层　许明远摄

上的冰川盘踞在青藏高原，随着气温的逐年升高，它们正在快速消融。

　　冰川能够补给河流水源，为当地居民提供生产生活用水。在冰川中还蕴藏着环境变化之谜的钥匙，通过在冰川上钻取冰芯，对冰芯进行详细研究，可以反映过去的自然环境和人为活动造成的环境影响，还原过去的气候特征，分析气候环境变化趋势，对未来的气候变化作出预测。因此，冰芯被称为"无字的环境密码档案库"、揭开全球变化之谜的"新钥匙"。

2　冰川脚下的神奇世界

　　在三江源冰川"脚下"，不被冰川覆盖的气候严寒区域，正悄然形成与冰川地貌不同的地表形态。在气温极低、降水少、地表没有积雪这样的条件下，地表土层冻结成为冻土。随着季节或昼夜温度的周期性变化，冻土层中的水反复冻结和融化，导致土层或岩石遭到破坏、干扰和移动等复杂变化，形成一系列冻土地貌。在冰川边缘地区也能形成一些经过冻融作用形成的地貌，因而也叫冰缘地貌。

热融洼地　白旭东摄

　　三江源的冰缘地貌主要分布在雪线与多年冻土下界之间的高山冰缘作用带内,范围相当于冻土分布区,而三江源又是地球上罕见的低、中纬度高山多年冻土最发育区,因此三江源多发育冰缘地貌,特别是澜沧江源区。其雪线以下到多年冻土地带的下界,呈冰缘地貌,下部因热量增加,冰丘热融滑塌、热融洼地等类型发育。整体上在高山冰缘作用带内,冰缘地貌类型丰富多样,上部地貌类型主要为石海、石川等;中部以多边形土、石环、泥流阶地等类型占优势;下部冰丘、热融滑塌、热融洼地等类型发育。

　　在东昆仑山惊仙谷两侧分布有石冰川,在4973米山峰北坡低洼处,平面如舌状,表面均为角砾石块,下部石块间有冰填充;多边形土和石环多位于青南高原的西部,石环规模较小,多边形土的规模差异较大;冰丘多分布于青南高原长江、黄河河源宽谷盆地等处;热融滑塌和热融洼地多出现在冰缘作用带下部或临近融区地带,在青藏高原公路沿线的高原宽谷盆地中,西雅错西侧及不冻泉以西分布较为集中,热融滑塌和热融洼地平面形态多呈圆形、椭圆形或围椅形,直径数十米至数百米,深度一般小于5米。

三江源的辫状河　刘山青摄

四　水滴石穿，以柔克刚

　　三江源发育了长江、黄河、澜沧江三条世界性的大河。它们的水源主要来自冰川融水。从冰川融化的滴滴答答，到汇成小溪的涓涓细流，再到大河之水的波浪滔滔，河流像地表的一把锯子，改变着地面形态。水是江源之魂，三江源区域的流水地貌主要是流水侵蚀地貌。河道水流破坏地表，并冲走地表物质，称为流水侵蚀地貌。流水侵蚀地貌包括河谷、峡谷、河流阶地等。

1　奔腾的河流是大地的血脉

　　由于地壳运动形成的线性槽状凹地，大气降水为河流提供了水源。在河床与水流的相互作用下，经过长期的侵蚀、搬运、堆积过程，最终发展成相对稳定的河流。在山区或河流上游河段以及冲积扇上多发育辫状河，多河道、多次分叉和

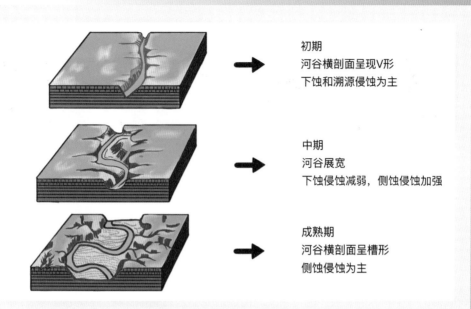

初期
河谷横剖面呈现V形
下蚀和溯源侵蚀为主

中期
河谷展宽
下蚀侵蚀减弱，侧蚀侵蚀加强

成熟期
河谷横剖面呈槽形
侧蚀侵蚀为主

河流地貌发育过程　张潇绘

汇聚构成辫状，河道宽而浅，弯曲度小。

三江源西部地形较为平坦，河流切割较弱，形成宽浅河谷，例如楚玛尔河沿岸河谷，谷地开阔，河床流量不大。东部河流下蚀和侧蚀作用强烈，形成众多峡谷和宽谷类型，例如澜沧江大峡谷。当地壳上升，河流下切侵蚀形成的阶梯状地貌称为河流阶地。三江源区通天河从楚玛尔河汇口至登艾龙曲汇口段之间，为高平原丘陵区向高山峡谷区过渡带，河谷开阔，阶地发育。

通天河登艾龙曲汇口以下至三省界为高山峡谷区，两岸山势险峻，水深流急，一路上拐了很多大弯、小弯，仿佛恋恋不舍地留恋着生它养它的雪山冰川。依次有叶青大拐弯、岗察大拐弯、着木其大拐弯等，其气势之磅礴，与美国科罗拉多大峡谷马蹄湾相似，一路蜿蜒令人称奇。这种近于环形的弯曲河流被称为河曲或者蛇曲，"蛇曲"的形成是因为流水的侵蚀、搬运和堆积作用同时进行，在曲流河段常常会因地转偏向力的影响而发生"凹岸冲刷，凸岸堆积"的现象，最终形成蛇曲。

通天河"S"形大拐弯很像八卦中的太极图，这个"S"形大拐弯是一种特

三江源的河流　贺大明摄　　　三江源的河流　班玛三智摄　　　辫状河　刘山青摄

殊形式的"蛇曲"——"嵌入式蛇曲"。地壳的抬升是"嵌入式蛇曲"形成的重要原因。一般来说，一条河流先是在由松散沉积物组成的平原和盆地中形成了"蛇曲"，后来遇到了地壳的持续抬升，这等于给了河流向下切割的力量，而河流的流动已经被束缚在早先形成的"蛇曲"之中，因此河流就保留着原有的"蛇曲"形态，一直向下切下去，直到深深地切到地壳的岩石圈中，看上去好像"嵌进去"一样。

通天河　刘波摄

峡谷奇观，自然杰作

青藏高原的强烈隆升，加剧了河流的侵蚀，三江源地区也出现了许多因为河流剧烈下切形成的峡谷，与高山相映成趣。尕尔寺大峡谷和然察大峡谷是三江源地区极其难得的峡谷奇观，峡谷景色优美，人文景观和自然景观交相辉映，被誉为澜沧江第一大峡谷。峡谷中天气温暖湿润，常常水流湍急，许多人通过漂流的方式来表达对河水和三江源的热爱。由于青藏高原的隆升，河流溯源侵蚀加剧，河流逐渐侵蚀到三江源地区，并加速下切，形成了巨大而深的峡谷。

峡谷　马国忠摄

三江源地区的峡谷多发育在澜沧江源区，这是因为澜沧江源区所处的地块，是南亚板块和欧亚大陆互动形成的地质构造块之一，经历过漫长的海底沉积阶段，孕育了大片的红砂岩，这种岩石非常容易被风和水这些外力侵蚀。澜沧江源区支流众多，对岩石的侵蚀作用明显，河谷和山脊的海拔高差有时达上千米，形成了石山、高原草甸、高原湿地和河谷森林的典型大峡谷风光。相较于澜沧江而言，黄河源区和长江源区典型的大峡谷景观稍少。

①尕尔寺峡谷这里人与自然和谐共处

　　囊谦县 214 国道 1024 千米处，向南拐进白扎林场，经过古老的盐田便来到巴龙沟，也就是尕尔寺峡谷。峡谷内道路目前还是以砂石土路为主，两侧是未经人工培育过的原始森林，即便这里是海拔近 4000 米的高原，茂密的植被也提供了充足的氧气，不必担心身体因高原反应而出现不适。

尕尔寺峡谷景观　张景元摄

　　在尕尔寺峡谷的原始生态环境里，生存着猕猴、岩羊、獐子、牦牛、黄羊、梅花鹿、麋鹿、狐狸、狼、雪豹等多种珍稀动物和雪鸡、麻鸡、锦鸡、鹰、秃鹫、猫头鹰等近百种禽鸟类。最常见的要属岩羊、黄羊、雪鸡与牦牛了。也许是信仰驱使，也许是人心本善，多年来当地的村民和尕尔寺僧人一直与生活在这里的动物和睦相处，他们认为有生命的一切事物都会自觉地加以保护，从不杀戮。人们与动物成了朋友，无论是在清晨、中午或是傍晚，都会有许多大大小小的动物来到尕尔寺附近，就在寺院和民居中间，与这里的人们共饮一溪清泉，悠闲地在高山草甸之上觅草寻食。这样的景致不禁让人赞叹，这是人与自然之间和谐共处的完美呈现。

尕尔寺峡谷的岩羊　李友崇摄

尕尔寺峡谷的牦牛　肖巴摄

尕尔寺　张景元摄

②然察峡谷，自然静谧的圣地

　　然察大峡谷距离囊谦县城约110千米，是通往达那寺的必经之路，峡谷景观独特，浑然天成，集"险、秀、雄、奇、幽"于一体，吉曲河穿峡谷奔流而出，峡谷内怪石嶙峋，松、柏及各种灌木在石缝中、悬崖峭壁间傲然而生，其间河水湍急，溪水潺潺，清澈见底，盛夏时节鸟语花香，晚秋之季树叶红似香山，令人流连忘返。古老的宗郭寺坐落在谷口之顶悬崖之上，一座萨迦王的古灵塔静静地伫立在寺院旁，数十只石羊在僧人修行处自由地生活着。这里远离城市的喧嚣，安宁静谧。田园与草原、村庄与牧场和谐而美丽，纯粹的人文景观与优美的自然风景交织，展现出了一幅令人神往的香格里拉画面。

然察峡谷景观　李军摄

3 漂流于澜沧江大峡谷

澜沧江峡谷中用来漂流的船只　扎西然丁摄

漂流成员捡拾垃圾保护环境　扎西然丁摄

2018 年夏天，在三江源除了开展和往常一样的澜沧江长线漂流活动之外，漂流中国还和澜沧江源所在的杂多县县政府专门联合开展了一个项目——国家公园的江河巡护员及藏族本土船长培训项目。

出生于美国加利福尼亚州特拉基的职业白水漂流向导 Noah，已有 20 年的白水漂流经验，漂流过包括科罗拉多大峡谷在内的十几条美国河流和数条智利河流。2018 年夏天他第一次来到青藏高原的澜沧江上游，以漂流中国教练的身份参与"三江源国家公园澜沧江源园区江河巡护员暨漂流船长培训"项目，旨在让本地藏族学员学习以漂流的方式带领访客进入国家公园，并承担"江河巡护员"的角色，助力于这片弥足珍贵的荒野区域的保护。

漂流是一种非常危险的活动，漂流训练可以培养和塑造人的品格，但这个过程中可能会遇到各种艰难险阻。风雨天气、峡谷中的险滩、水位过高或过低等都为漂流带来困难。

在澜沧江边，垃圾与风景格格不入。漂流的成员们会自己带上编织袋清捡附近的垃圾，尽自己所能保护河谷生态。

五　昂赛峡谷里藏着红色的童话

　　在青海省玉树藏族自治州杂多县昂赛乡境内，有一个特殊的峡谷，这里发现了300余平方千米的白垩纪丹霞地质景观，称这一区域为"青藏高原最完整的白垩纪丹霞地质景观"，是名副其实的青藏高原"红石公园"。

1　红色童话世界之初见

　　2015年10月4日，中国新闻社（CNS）发文称，中国横断山研究会首席科学家杨勇在澜沧江上游重要的支流扎曲河流域发现了300余平方千米的白垩纪丹霞地质景观，并称这一区域为"青藏高原最完整的白垩纪丹霞地质景观"。此处白垩纪丹霞地质景观位于玉树藏族自治州杂多县昂赛乡境内，由于水平巨厚红色沙砾岩经长期风化剥离和流水侵蚀等原因，形成了顶平、身陡的方山、石墙、

玉树昂赛地貌　王建青摄

石峰、石柱、陡崖等千姿百态的地貌形态，这里是名副其实的青藏高原"红石公园"，宛如一个红色的童话世界。

　　早在2014年8月，杂多县政府组织了一次澜沧江探源活动，科考前，环境地质工程师杨勇决定先去看一看。从澜沧江源头下来，杨勇马不停蹄地赶到昂赛，沿着扎曲河谷向下，沿途海拔逐渐降低，而风光愈加秀丽，还出现了成片的古柏森林。此种柏树的树型极像一个个大蘑菇，有人称之为"小老树"。它们又被称为"唐柏林"，还有"森林活化石"之称。杨勇在当地导游的带领下继续前行，沿途植被越来越茂密，峡谷色彩也越来越鲜明。杨勇见到前方红色石崖头上出现佛头形石，丹霞地貌越来越丰富，他决定在这里扎下营地，开始探究此地的地质秘密。第二天早晨，杨勇选了一处丹霞山脊线攀登，饱览了这里的丹霞奇观，直到晚上9点才回到营地。此后，深深隐藏在峡谷中的红色丹霞世界开始出现在人们的眼前。

2 丹霞从哪里来？

丹霞主要由红色砂岩和砾岩组成，反映了干热气候条件下的湖盆沉积环境。炎热干旱气候下，古盆地内沉积了红色的砂岩、砂砾岩。经过构造断裂破坏红层的完整性，使外动力地质作用更易于发生，从而形成石峰、石柱、峰林等丹霞地貌景观。外力作用主要表现在流水下切和侧蚀、冰川对于岩丘进行磨蚀、风力侵蚀，岩石破碎和剥落，红层出露，并被塑造出丹霞的典型形态。青藏高原的隆升加大了侵蚀强度。

囊谦县周边的古近纪盆地为陆相山间盆地，沉积一套河流、湖泊相红色陆源碎屑建造，有些盆地内有石膏、火山岩。在这些盆地边缘发育块状砾岩、砂砾岩，经后期构造切割和流水等外动力侵蚀作用下形成典型的丹霞地貌，主要景观类型有丹霞崖壁、石峰、石林、石丛、穿洞和造型石等，其中以囊谦县北部觉拉乡肖尚村及东南部乩扎乡以南一带（澜沧江上游扎曲河谷）最为典型，可与中国东南地区发育的丹霞地貌媲美。

昂赛丹霞不同于我国温暖湿润地区的丹霞地貌，其有两个特点，一是昂赛的红色砂砾岩层中有不少含碳酸

早期

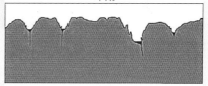
中期

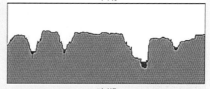
晚期

丹霞方山、峡谷的发育过程

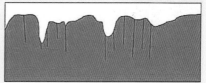
早期

中期

晚期

丹霞石柱的发育过程

钟欣梅．中国丹霞世界自然遗产地赤水丹霞地貌形成与保护［D］．贵州师范大学，2016.

昂赛地质地貌　许明远摄

钙的岩石和胶结物，碳酸钙被溶解后会形成类似于喀斯特地貌中的溶沟、石芽和洞穴等。二是由于昂赛位于青藏高原高寒区，其受冰劈作用强。冰劈作用是指寒冷地区水在岩石的缝隙中不断冻结、融化，导致岩石裂隙不断加深拓宽，最终崩裂。

丹霞的提出与中国的丹霞

　　20 世纪 20 年代，时任两广（广东省、广西壮族自治区）地质调查所技正的冯景兰教授于岭南地区考察地质矿产时，被一片红色地层吸引，并称这些红色的砂砾岩地层为"丹霞层"。1939 年，陈国达和刘辉泗先生于《江西贡水流域地质》一文中正式应用了"丹霞地形"一词。1978 年，曾昭璇教授正式提出了"丹霞地貌"一词。从此丹霞地貌作为一种地貌类型开始活跃在学术圈。

　　丹霞地貌在我国广阔的分布令人难以想象。以"秦岭－淮河"和"巫山－雪峰山"一线进行区分，中国有三个丹霞地貌分布大区。总体而言，丹霞地貌主要分为"西北部高寒干旱山地型丹霞""西南部湿润高原－山地－峡谷型丹霞"和"东南部湿润低海拔峰丛－峰林型丹霞"。横跨南北，纵贯东西，丹霞地貌广泛分布于中国各地。各省的丹霞地貌分布情况也不尽相同。除四川之外，广东、福建、贵州、湖南、江西和浙江也是丹霞地貌分布大省。2010 年 8 月，贵州赤水、福建泰宁、湖南崀山、广东丹霞山、江西龙虎山、浙江江郎山组成的丹霞地貌组合以"中国丹霞"名称共同申请世界自然遗产并获批。

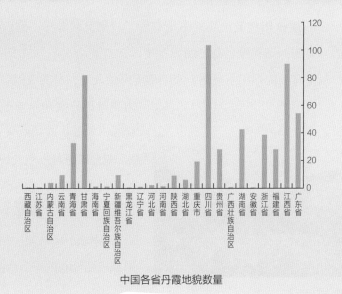

中国各省丹霞地貌数量

3 神秘的昂赛丹霞之境

　　昂赛丹霞区特别的地理位置使其拥有类似西南丹霞区和东南丹霞区的地貌形态：首先，其位于青藏高原向云贵高原的过渡地带，在板块边缘部分受到强烈的切割作用形成了规模宏大的赤壁丹崖景观；其次，在构造内部的区域，地处三江源源头区，河流下切慢且浅，形成巷谷、石峰、石柱等地貌形态。这些石峰、石柱有的形似手掌，有的形似佛头，有的形似石蛋，各色各样，应接不暇。

　　在昂赛主景区，丹霞石峰、石柱造型独特，景区内最著名的景点有坐佛、佛头、猿人山、神龟山、蘑菇山、金鸡独立等。这些景观有的神态庄严，形如佛像，安静地守护着万物；有的生动活泼，形如动物，惟妙惟肖，别有情趣。景区内的坐佛与佛头，不但形态极为逼真，而且从不同的角度观察，其形态也各不相同，具有极高的观赏价值。神龟山位于昂赛乡年都村，从东北方向看去，它好似一只巨型石龟，头朝着东方，迎接着每天的日出。"龟壳"上纹理较为清晰，主要是由于岩石中节理裂隙、大型斜层理、交错层理较为发育及岩石内部的差异性风化引起的。从西北方向望去，它犹如一位女子亭亭玉立面向东方，如瀑的长发披在脑后，在独自期盼着远行的郎君早日归家。

　　昂赛一带石崖分布广泛，几乎山山有崖。石崖类型多样，绚丽多姿，有的平如斧劈，有的凹凸有致，有的曲直有序，有的怪异奇特，有的小巧玲珑，有的雄伟壮观，有的俯视深不可测，有的仰观高耸入云，有的飞雨满天。景区内赛青山赤壁为赤壁丹崖的典型代表。赤壁长近 400 米，高约 80 米，壁上悬挂着一柄长长的石剑，相传此乃格萨尔王的佩剑，是他为保护其子民而悬挂于此。一到雨天，雨水汇集从崖顶倾泻而下，形成美丽壮观的季节性瀑布。

昂赛地质地貌　许明远摄

山川之美，古来共谈

- 高原腹地的人间秘境
  - 三江源的身世之谜
  - 大地历史的印记
    - 一眼万年的"石头"——化石
    - 大自然的神笔——地质遗迹
- 积雪下的高山是神的家乡
  - 天神守护的仙境
  - 三江源的脊梁
    - 昆仑山，百神所在
    - 唐古拉，雄鹰飞不过的高山
    - 巴颜喀拉，李白的心头山
    - 阿尼玛卿，孔雀翎上的雄峰
    - 可可西里，云巅伊甸
    - 登峰造极
- 高原上的冰雪奇缘
  - 圣洁如玉冰成川
    - 高原上的白色地带
    - 姜根迪如，万里长江之始
    - 冰川是雕塑家
    - 冰川退缩与冰川研究
  - 冰川脚下的神奇世界
- 水滴石穿，以柔克刚
  - 奔腾的河流是大地的血脉
    - 峡谷奇观，自然杰作
  - 绮丽的峡谷剪影
    - 尕尔寺峡谷这里人与自然和谐相处
    - 然察峡谷，自然静谧的圣地
  - 漂流于澜沧江大峡谷
- 昂赛峡谷里藏着的红色童话
  - 红色童话世界之初见
  - 丹霞从哪里来?
  - 神秘的昂赛丹霞之境

第三章

"中华水塔" 生命之源

三江源地区是长江、黄河、澜沧江的发源地，三条大江浩浩荡荡奔流不息，贯穿了整个中国和大半个中南半岛，滋润着上千万平方千米的广阔土地。

"上善若水"，长江和黄河是中华民族的母亲河，千百年来，江河源头的冰山雪水、河流地下水源不绝，无私地滋润着中华大地，保障了华夏文明的生生不息。澜沧江作为东南亚第一巨川，流出中国境内成为国际河流湄公河，是沿岸各国人民生产生活的重要依靠。三江源地区独特的自然环境，孕育了众多高原湖泊群、高寒沼泽湿地，使这里成为世界上高海拔地区生物多样性最集中的区域，是中国乃至亚洲重要的生态屏障。

三江之水天上来，被称为"中华水塔"的三江源地区，有着丰富多样的水资源类型，共同构成了绚丽多姿的高原水世界。一江清水向东流，三江源的水资源不仅以各自的方式滋养着这片土地，更为江河中下游的广大地区，送去了生机与活力。

一 江源馈赠

"问渠哪得清如许，为有源头活水来。"位于青藏高原的三江源地区是我国长江、黄河和流经六国的澜沧江的发源地，多年平均径流量 499 亿立方米，水质均为优良。

多年平均径流量（单位：立方米）

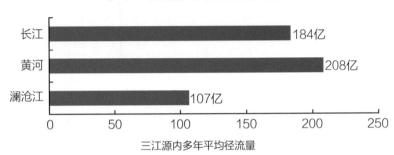

三江源内多年平均径流量

三江源地区的高原湖泊星罗棋布，国家公园内面积大于 1 平方千米的湖泊有 167 个，是世界上海拔最高、数量最多、面积最大的高原湖群区之一。

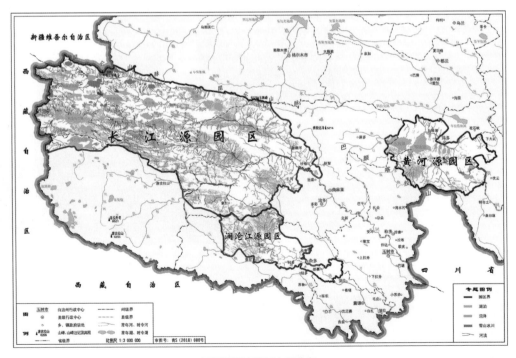

三江源国家公园水系分布

三江源地区湿地总面积达 4.17 万平方千米，是我国重要湿地的分布密集区域，同时是世界上高寒沼泽湿地海拔最高、面积最大，也是我国乃至世界重要湿地分布较集中的典型代表。

　　此外，三江源地区冰川分布面积广，冰川资源蕴藏量达 2000 亿立方米；地下水资源丰富，总量达 193.3 亿立方米。

　　三江源地区水资源种类多样，是长江、黄河、澜沧江的重要水源补给区，每年向三条江河的中下游供水近 600 亿立方米，覆盖了我国 66% 的地区（含南水北调工程覆盖地区），是中国和东南亚 10 多亿人的生命之源，素有"中华水塔"的美称。

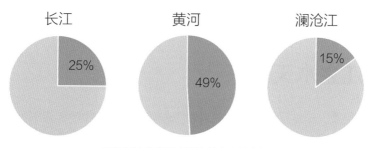

三江源输出水量占河流总水量的比例

河流名称	排名	长度 /km	流域面积 /km²	流域人口 / 亿
尼罗河	1	6852	3254853	1.6
亚马孙河	2	6448	6112000	非常少
长　江	3	6380	1722155	4
密西西比河	4	6051	2981076	0.84
黄　河	6	5464	752000	1.07
澜沧江	12	4350	795000	3.26

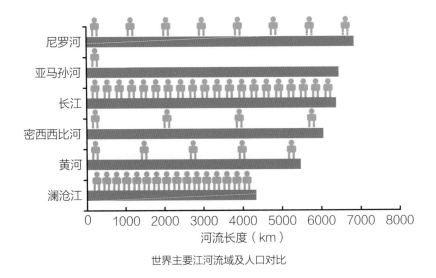

世界主要江河流域及人口对比

二 三江之水天上来

    每年春夏之交，印度洋季风形成的暖湿气流和中东高压中的偏西气流在青藏高原汇聚。两股气流在高海拔地形的影响下，形成了丰沛的降雨。源源不断的降雨为这片亘古的高地成为江河的源头创造了条件。

    汇聚成河，奔流入海，是每一滴水的梦想。可是在三江源，并非所有的水都有这样的幸运，它们中的绝大部分以冻土、冰川的形式被大地封藏，还有的或汇聚于湖泊，或涵养于湿地，或渗透于地下，它们同奔腾的水流一起，在这片素以奇崛高寒著称的严峻之地，构成了属于水的绚丽世界。

水循环示意图 刘英绘

图片作者：Howard Perlman，USGS，John Evans

1 奔腾不息的河流

① 生命的脉络

三江源地区地形复杂，河网密闭，主要包括长江、黄河、澜沧江三大流域。

流域	面积 /km²	占三江源区总面积的比例 /%	干流长度 /km	占干流全长的比例 /%	一级支流数 / 条
长江流域	15.8	40.0	1206	19.1	109
黄河流域	11.9	30.1	1983	34.9	126
澜沧江流域	3.7	9.4	448	20.4	46

长江正源沱沱河发源于唐古拉山中段的各拉丹东雪山，与南源当曲在囊极巴陇汇合，继而与北源楚玛尔河相汇，向东南流至玉树州，接纳巴塘河后改称通天河。三江源园区内流域面积大于 10000 平方千米的长江支流有 4 条（当曲、楚玛尔河、岷江、雅砻江）。

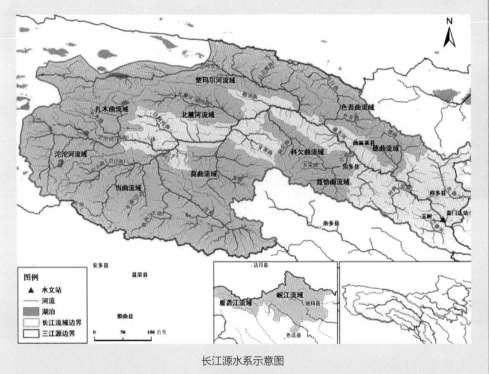

长江源水系示意图

魏加华. 三江源生态保护研究报告（2017）水文水资源卷［M］. 社会科学文献出版社，2018.

黄河发源于巴颜喀拉山北麓的约古宗列盆地隅，源头海拔 4724 米，在寺沟峡流入甘肃，大体呈"S"形走势。三江源园区内流域面积大于 5000 平方千米的黄河一级支流有 4 条（切木曲、多曲、热曲、曲什安河）。

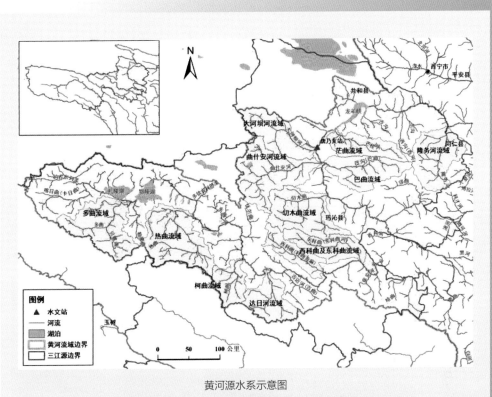

黄河源水系示意图

魏加华．三江源生态保护研究报告（2017）水文水资源卷［M］．社会科学文献出版社，2018．

澜沧江发源于唐古拉山北麓的查加日玛西南部，河源海拔5388米，其干流在青海境内称扎曲，由囊谦县境内流入西藏。澜沧江源地区水系发育，呈树枝状。除干流扎曲外，昂曲和子曲也发源于三江源园区内。

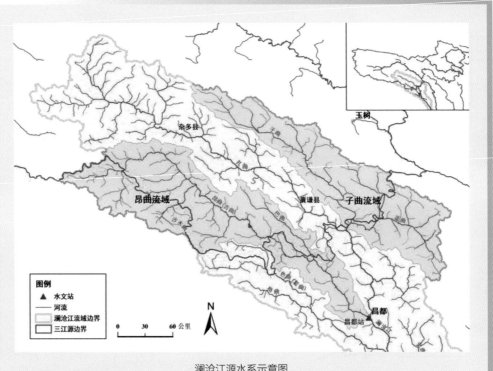

澜沧江源水系示意图

魏加华. 三江源生态保护研究报告（2017）水文水资源卷［M］. 社会科学文献出版社，2018.

三条大河及其支流，在三江源园区内蜿蜒曲折，纵横交错，共同交织成壮丽的生命脉络。

你知道中国有多少条河流吗？

我国是一个河流众多的国家，流域面积在 100 平方千米以上的河流有 5 万余条。有人计算过，如果把全国大小河流的长度加在一起，总长度达 42 万千米，若把这些河流首尾连在一起，那么，河水在赤道上绕一圈（约 4 万千米）以后，还可以一直流到月球上。

河流源头在哪里？

河源，即河流的发源地，河流最初具有地表水流的地方。河源是确定河流（大河或其支流）长度的重要参考点之一，它是河流的起点。要测量河流长度，河源的确定是一个关键的流程。

确定河源有三大标准：

从长度上看，"河源唯远"确定河源；

从流量上看，"流量唯大"确定河源；

从方向上看，"与主流方向一致"确定河源。

同时满足三个条件通常是不可能的，一般以"河源唯远"为第一标准。但由于历史习惯等原因，很多河源存在争议，江河源头的确定原则和方法仍然有待统一。

②丰富的河流类型

河流的分类方法有很多。河水最终流到海洋里的是外流河；如果河流最终消失在沙漠、戈壁或流到没有出口的湖泊里，则是内流河。三江源园区的河流主要分为外流河和内流河两大类，外流河主要是通天河、黄河、澜沧江三大水系，支流有雅砻江、当曲、卡日曲、孜曲、结曲等。

河流还分其他很多类型。一年四季都有水的是常流河；如果只在某个季节有水则是季节河，三江源园区许多小的支流流量很不稳定，常常在枯水季节干涸，属于季节河。高悬于两岸地面之上的河流是地上河，黄河下游就是世界闻名的地上河，完全仰仗着河流两岸的千里大堤来保护，才使两岸免遭洪水的淹没之苦。在石灰岩地区，我们往往只能听到河水流动的声音，看不到地面有河流的踪迹，原来是水流溶蚀了岩石，在地表面以下形成了"地下河"。

③古往今来的馈赠

从古至今，河流与人类的命运始终息息相关。

黄河被称为中华民族的母亲河，孕育出了伟大的中华文明。事实上，全世界古代文明的发祥无不与河流相关，比如古埃及与尼罗河、古巴比伦与幼发拉底河和底格里斯河、印度与恒河等。

时至今日，人类的生产生活仍然离不开河流。河流提供的丰富水源，滋润着广大的农田。我国的第一大河长江，从江源自西向东汇入东海，加上支流延伸南北，汇集成拥有 1722155 平方千米流域面积的广大地区，其中下游更是成为我国最富饶的农业生产基地。在高山峡谷地带，湍急的河流往往蕴藏着丰富的水能资源。澜沧江河谷深切且狭窄，地形陡峻，中国境内流域干流总落差达5000 米，水能资源可开发量约为 3000 万千瓦，在全国的能源开发中占有举足轻重的位置。

地球表面到处密布着纵横交错的河流，将丰富的水资源输送给地球每一个角落，滋润着地球上的生命。

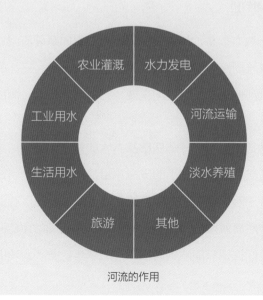

河流的作用

河流仿佛地球的血管，而河流的源头就如同心脏，为每个流域输送源源不断的水源。三江源作为长江、黄河、澜沧江三条世界主要河流的发源地，是中国乃至整个亚洲、整个世界的心脏地带。

2 明珠璀璨的湖泊

①高原明镜

三江源国家公园内湖泊众多，面积大于 1 平方千米的有 167 个，其中长江源园区 120 个、黄河源园区 36 个、澜沧江源园区 11 个。这些湖泊千姿百态、咸淡各异，仿佛镶嵌在高原上的明镜，倒映着蔚蓝的天空和圣洁的雪山，在阳光下波光粼粼，耀眼迷人。

湖泊	面积 /km²	湖泊	面积 km²
鄂陵湖	685.15	库赛湖	284.06
乌兰乌拉湖	591.98	卓乃湖	270.92
扎陵湖	530.42	错仁德加	249.64
西金乌兰湖	419.29	多尔改错	228.86
可可西里湖	320.97	太阳湖	102.23

三江源湖泊景观　李友崇摄

三江源湖泊景观　张树民摄　　　　　　　　三江源湖泊景观　王成财摄

②湖泊分类我知道

　　最常见的湖泊分类方法，是根据湖水的含盐度，把湖泊分为淡水湖、微咸水湖、咸水湖和盐湖四大类。三江源地区的湖泊主要包括矿化度小于 3 克 / 升的淡水湖和微咸水湖，以及矿化度大于 35 克 / 升的盐湖。

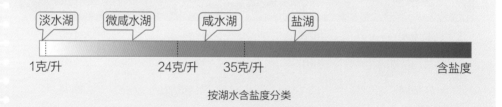

按湖水含盐度分类

　　湖泊也可以根据成因分类。三江源地区湖群的形成和发育深受地质构造影响，并具有冰川作用痕迹，因此以构造湖和冰川湖为主。构造湖是由于地壳变动，特别是地壳断裂凹陷后，地表水和地下水聚集在凹陷洼地里而形成的。三江源园区

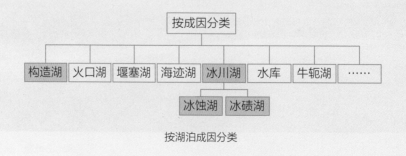

按湖泊成因分类

第一大淡水湖鄂陵湖及其相邻的扎陵湖就是典型的断陷构造湖。冰川湖是由于冰川作用而形成的湖泊，分冰蚀湖和冰碛湖两种。冰川移动过程中，所携带的岩块侵蚀陆地表面，将地面刨掘出许多凹坑，当气候转暖冰川后退，那些凹坑便会积水形成湖泊，即冰蚀湖；冰川后退时，冰川所挟带的沙石有时会在地面上堆积成中间低四周高的洼地，冰川融化后便可以形成湖泊，即冰碛湖。三江源冰川附近的大部分湖泊都属于冰川湖。

③不只是一面"明镜"

湖泊是自然资源的重要组成部分。湖泊为农业灌溉、工业生产、城乡人民生活等提供了宝贵的水源。

湖泊、水库可以调节河川径流量，洪水季节能够降低洪峰流量，蓄积水量；枯水季节能增加河川径流量，排泄水量。扎陵湖和鄂陵湖就具有很好的水量调蓄功能。

湖泊中蕴藏着极其丰富的盐类资源和矿物资源，位于鄂陵湖东北角的哈江盐湖，就是一个含盐浓度较高的天然盐池，每年产盐 500 ~ 700 吨，可供当地居民食用 10 年之久。

此外，许多湖泊景色秀丽，具备丰富的旅游资源，黄河源园区的星宿海，就以其璀璨明珠般的隽美景观，吸引了国内外游客的目光。

美丽的星宿海　张树民摄

①三江源有多少湿地

根据 2014 年 6 月 6 日由青海省人民政府新闻办和青海省林业局联合公布的青海省第二次湿地资源调查成果，三江源地区湿地总面积为 4.17 万平方千米。

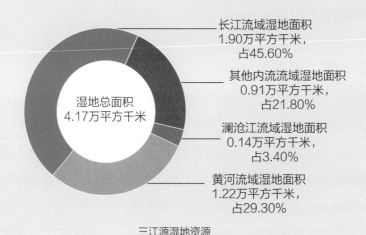

长江流域湿地面积
1.90万平方千米，
占45.60%

其他内流流域湿地面积
0.91万平方千米，
占21.80%

澜沧江流域湿地面积
0.14万平方千米，
占3.40%

黄河流域湿地面积
1.22万平方千米，
占29.30%

湿地总面积
4.17万平方千米

三江源湿地资源

②湿地也有不同面孔

根据三江源地区湿地的成因和特点，可分为湖泊湿地、沼泽湿地、河流湿地和人工湿地四大类，这四种湿地的面积分别占三江源湿地总面积的 21.1%、63.7%、14.2% 和 1.1%。

湖泊湿地是由地面上大小形状不一、充满水体的天然洼地组成的湿地。三江源地区湖泊湿地总面积为 8775 平方千米，其中，列入中国重要湿地名录的有扎陵湖、鄂陵湖、玛多湖、多尔改错等。

沼泽湿地是长期处于湿润状态，具有特殊的植被和成土过程的湿地。三江源地区沼泽湿地总面积达 2.65 万平方千米，沼泽主要类型有三叶碱毛茛沼泽和杉叶藻沼泽，且大多数为泥炭土沼泽。

河流湿地是河流等流水水域沿岸、浅滩、缓流河湾等沼泽化过程而形成的湿地，包括河流、小溪、运河及沟渠等。三江源地区共有河流湿地 5898 平方千米。

湖泊湿地　冯凯文摄

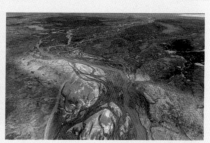
河流湿地　闹布·文德摄

沼泽湿地　张纪元摄

　　人工湿地是由人工建造和控制运行的湿地，它应用生态系统中物种共生、物质循环再生原理，促进污染物质良性循环，发挥资源的生产潜力。三江源人工湿地面积达 444 平方千米。

③生态调节器，动植物保育园

　　三江源的湿地具有特殊的生态作用。

　　在三江源地区，冰川融水量约占长江干流区年均径流量的 9.13%，占黄河干流年径流量的 2.24%，三江源的湿地在很大程度上调节着冰雪融水和地表径流，使河流水量均衡。同时，湿地也能调节局地气候，使其周围环境较其他区域更加温暖湿润。

湿地——野生动植物的栖息地　马贵摄

　　另外，湿地兼有水体和陆地双重特征，是特殊的水土资源和重要的天然牧场，也是三江源地区众多珍稀野生动植物栖息繁育的场所。位于玉树州的隆宝滩湿地，是一片广阔平坦的高原沼泽草甸，每年春夏之际，许多珍贵的候鸟，如黑颈鹤、斑头雁、棕头鸥等纷纷飞到这里繁衍后代。尤其是被列为我国一级保护动物的黑颈鹤，每年都成群成批地飞到隆宝滩栖息生活。

4　银装素裹的冰川

①冰雪大世界

　　三江源地区是中国冰川集中分布地之一，在三江源国家公园内，昆仑山脉的巴颜喀拉山脉、可可西里山脉、阿尼玛卿山脉及唐古拉山脉横亘其间，峰峦叠嶂，犬牙交错。这些山普遍在海拔 5000 ～ 6000 米，高大山脉的雪线以上分布有终年不化的积雪，冰川更是广泛分布。三江源园区内总共有冰川 715 条，冰川面积约 2400 平方千米，冰川资源蕴藏量达 2000 亿立方米。

　　长江源园区冰川最多，分布冰川 627 条，冰川总面积为 1247.21 平方千米，冰川储量 983 亿立方米，年消融量约 9.89 亿立方米。冰川主要分布在唐古拉山北坡和祖尔肯乌拉山西段，昆仑山也有现代冰川发育。冰川覆盖面积以当曲流域为最大，沱沱河流域次之，楚玛尔河流域最小。

　　黄河源园区有冰川 68 条，面积达到 131.44 平方千米，冰川储量可达 11.04

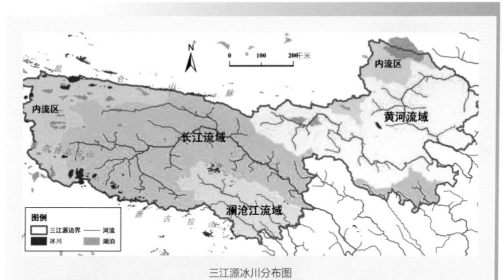

三江源冰川分布图

魏加华. 三江源生态保护研究报告（2017）水文水资源卷［M］. 社会科学文献出版社，2018.

亿立方米。区域内有海拔 5000 米以上的高山 14 座，多年固态水储量约有 1.4 亿立方米，年融水量约 320 万立方米，补给河川径流。

澜沧江源园区的冰川在数量上和流域面积上都较小，只有 20 条，面积为124.12 平方千米。多分布于源头北部的雪峰，平均海拔 5700 米，最高达 5876 米，因气候冷酷而终年积雪。

三江源冰川景观　吴成友摄

②失落的世界?

冰川往往存在于气候冷酷的地方,如地球两极、雪山之巅,像是一个"失落的世界",给人以"遗世独立"之感,事实上,冰川与周围环境乃至人类生活都有着密不可分的联系。

冰川是气候的产物,反过来又对气候产生影响。冰雪可以反射

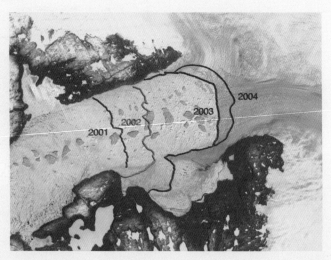

冰川后退

绝大部分的太阳辐射,而冰雪消融需要消耗大量热能,因此,冰川表面与相邻的非冰川地面相比,温度低,湿度高,这有利于冰川区形成较多的降水。

冰川是自然界重要的、有很大潜力的淡水资源,地球上水的总储量约有 14 亿立方千米,平铺在地球表面上约有 3000 米高,但可利用的淡水资源非常有限,并且绝大部分以冰雪固态水的形式存在。在我国西北干旱区,冰川被喻为固体水库、绿洲摇篮,是维持当地生产、生活的主要水资源之一。

在三江源,冰川是长江、黄河、澜沧江三条大江大河,以及众多湖泊、湿地的重要补给水源,冰川冻融对江河径流具有重要的调节作用,影响着三江源乃至下游十几亿人的生存安全。全球气候变暖导致大面积冰川融化,如果冰川持续融化后退,可能会导致黄河源头附近良田沙漠化,源区水源枯竭,黄河中下游出现断流,长江中下游出现特大干旱,三江源头核心区域草场退化加速。大规模的冰川融化还将加大冰湖溃决、冰川洪水泥石流等灾害的潜在风险,极大地影响区域气候过程和大气环流运动,造成更多严重后果。此外,冰川消融还会使三江源地区一些动植物的生存环境遭受破坏,对生物多样性造成威胁。

5 "深藏不露"的地下水

① 看不见的网络

地下水是存在于地表以下岩层或土壤空隙中的各种不同形式的水。地下水在我们看不见的地方，编织出一张不逊于地表水系的庞大而复杂的水网络。

根据 2006 年青海省水文水资源勘测局公布的青海省水资源评价报告，三江源地区地下水资源总量为 193.3 亿立方米。其中，长江源地下水资源量约为 71.2 亿立方米，补给来源主要有天然降水的垂直补给和冰雪融水补给。黄河源地下水资源量约为 66.1 亿立方米，主要侧向补给河川径流，从而转化为地表水。澜沧江源地下水资源量约为 45.8 亿立方米，补给来源单一，主要接受降水的垂直补给和冰雪融水补给，并通过河流和潜流排泄。

在长江源园区内普遍分布着地下水上涌所形成的泉涌，河流干支流附近谷地多有密布的泉群，以楚玛尔河下游北岸泉群的泉眼数为最多，分布面积也最广。

② 埋藏在地下的双刃剑

地下水作为地球上重要的水体，不仅对水量有很好的调蓄作用，也与人类社会有着密切的关系。地下水的贮存有如在地下形成一个巨大的水库，以其稳定的供水条件、良好的水质，成为人类社会必不可少的重要水资源，尤其是在地表缺水的干旱、半干旱地区，地下水常常成为当地的主要供水水源。

然而，在三江源地区，地下水也会给人类带来一些麻烦，例如在修筑公路的工程中，地下水对路基的影响很大，一旦处理不得当，会导致路基下沉，严重影响行车安全。

三江之水天上来，尽管并不是每一滴水都能奔流到海不复回，但它们都有着非同寻常的意义，共同构成三江源绚丽多姿的水世界。三江源的水是恢宏的大气运动送给流域内所有生命的礼物，万物众生因为这样伟大的馈赠而存活。三江源的水，孕育出了世界上最壮观，也是最独特的文明图景。

三江源水世界　李全举摄

三　一江清水向东流

1　江源之危

三江源地区历史上曾是水草丰美、湖泊星罗棋布、野生动物种群繁多的高原草原草甸区，被称为生态"处女地"。人类文明兴衰于水，正是因为三江源为我们的母亲河长江、黄河提供了稳定的水源供给，才使得华夏文明得以延续传承5000年，巍然屹立于世界的东方，继续走向强大和复兴。

干涸的湖泊　蔡征摄

然而，19 世纪 90 年代末至 20 世纪初，全球气候变暖，冰川、雪山逐年萎缩，直接影响高原湖泊和湿地的水源补给，众多的湖泊、湿地面积缩小甚至干涸，沼泽地消失，导致生态环境愈加脆弱。随着人口增加和人类生产活动影响加剧，三江源地区生态环境恶化大大加速。三江源地区植被与湿地生态系统被破坏，水源涵养能力减退，已对我国的供水安全、生态安全和可持续发展构成了巨大威胁，引起社会各界的高度关注。

2 保护中华水塔

　　党中央、国务院高度重视三江源地区的生态保护和建设，中央领导多次做出重要指示、批示。

　　2005 年，我国启动为期 9 年的三江源生态保护和建设一期工程，建设内容包

三江源生态保护与建设工程实施工作会议　雷有祯摄

括三大类 22 项工程,累计投入资金 76.5 亿元,初步遏制了这一地区的生态退化趋势。2014 年 1 月,投入更高、标准更严格的二期工程启动,生态恢复治理面积达到 39.5 万平方千米。2005 年至今,我国在三江源地区的生态保护投入资金已超 180 亿元。

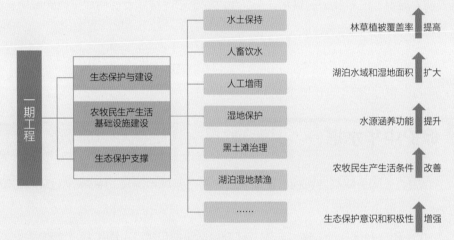

三江源生态保护与建设一期工程

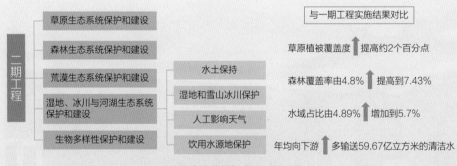

三江源生态保护与建设二期工程

三江源生态保护建设正阔步前进,经过十余年的保育,三江源生态系统逐步得以改善,林草植被覆盖度快速增加,湖泊水域和湿地面积明显扩大,水源涵养、水土保持功能不断提升,黄河源头重现水草丰美、生物繁茂的美景,对下游供水能力也明显增强。十余年来,三江源水资源量增加近 80 亿立方米,相当于增加了 560

三江源生态保护成效显著　张树民摄

个西湖的水量。此外，水源涵养量与2004年相比，由年384.88亿立方米增加到目前的年408.95亿立方米，增幅达6.25%，而且水质始终保持优良。特别值得一提的是，受社会广泛关注的20世纪末陆续干涸的近千个黄河源头的高原湖泊再现波光粼粼。这些成效的取得，为长江、黄河、澜沧江流域水资源安全做出了重要贡献。

尽管三江源生态建设尤其是水资源养护成就显著，但同时也要看到，三江源生态环境状况依然堪忧，草地退化、雪线上升、冰川萎缩趋势远未得到彻底遏制，生态保护依然任重道远。三江源地区范围广、地域环境复杂、气候恶劣，在此开展生态保护与建设是一项长期性、复杂性、系统性的工作，目前三江源地区的生态保护与建设中还存在种种问题和困难，需要采取更为科学、全面、细致的综合治理措施，动员更广泛的力量参与到"中华水塔"的保护和抢救中来。

习近平总书记指出，河川之危、水源之危是生存环境之危、民族存续之危。水资源不仅是基础性的自然资源，更是生态与环境的重要控制性要素。在三江源，

一江清水向东流　蔡征摄

水资源无疑是自然资源中最为重要的。只有确保水资源的源远流长，才能促进三江源自然资源的持久保育和永续利用。正如习总书记强调的："一定要生态保护优先，扎扎实实推进生态环境保护，像保护眼睛一样保护生态环境，像对待生命一样对待生态环境，推动形成绿色发展方式和生活方式，保护好三江源，保护好'中华水塔'，确保'一江清水向东流'。"

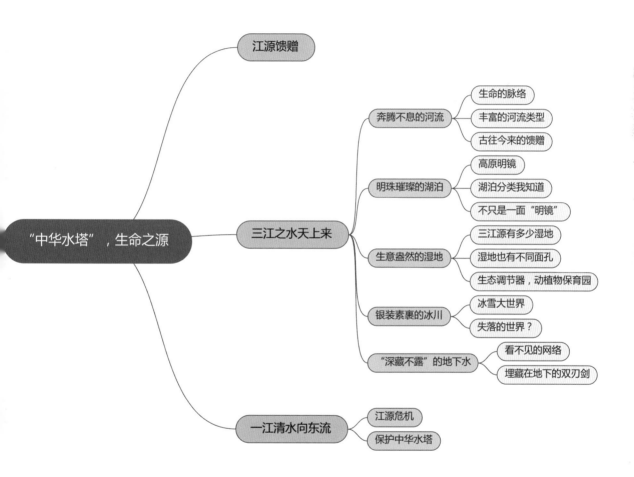

"中华水塔"，生命之源

江源馈赠

三江之水天上来
- 奔腾不息的河流
  - 生命的脉络
  - 丰富的河流类型
  - 古往今来的馈赠
- 明珠璀璨的湖泊
  - 高原明镜
  - 湖泊分类我知道
  - 不只是一面"明镜"
- 生意盎然的湿地
  - 三江源有多少湿地
  - 湿地也有不同面孔
  - 生态调节器，动植物保育园
- 银装素裹的冰川
  - 冰雪大世界
  - 失落的世界？
- "深藏不露"的地下水
  - 看不见的网络
  - 埋藏在地下的双刃剑

一江清水向东流
- 江源危机
- 保护中华水塔

第四章

纯净独特　生态腹地

　　三江源国家公园位于地球"第三极"青藏高原腹地，包括有森林、草地、荒漠、湿地等多种生态系统类型。森林生态系统中包括多种稀有植物物种，同时也是众多野生动物的栖息地。得天独厚的草地生态系统宏伟壮观，一望无际的草原背景下是活跃的野生动物，高耸的皑皑雪山脚下是低矮的垫状植物。独特的地理和气候条件造就了可可西里的荒漠生态系统，远离人类文明的核心地带，保留着大自然最本真的模样。冰川融水创造出数不清的河流，交织进庞大的湿地生态系统中，形成各色各样的湖泊，就像一粒粒珍珠，镶嵌在三江源的心脏地带。本章将带你走进三江源国家公园，一览这里纯净又独特的生态系统。

一　咬文嚼字说"生态系统"

1 "生态"——我的"住所"

"生态"（Ecology）一词来源于希腊语"oikos"，是指"住所"或"栖息地"，现在通常是指生物的生活状态。

2 "生态系统"——有大有小，多种组成的"整体"

"生态系统"（Ecosystem）一词1935年由英国生态学家坦因斯利首先提出，指的是一个由生物及其周围的非生物环境共同构成的具有自我调控功能的整体。

生命个体的生存离不开其他物质的支持。以草原生态系统上的雪雀为例，它以植物种子和昆虫为食，所以必然有紧密联系的植被和其他生物。除此之外，呼吸的空气、饮用的水、生活的洞穴以及里面的草棍儿，将雪雀生存依赖的生物和非生物环境编织成关系网，这就是一个生态系统。

一个典型的生态系统包括非生物成分（光、温度、水、空气、岩石、土壤等）和生物成分（生产者、消费者、分解者）。生产者主要是利用太阳的能量制造营养物质的植物，消费者主要是通过取食生产者获得能量的动物，而分解者大部分是具有分解功能的细菌或真菌等，将复杂的有机物分解成简单的无机物，释放到环境中。

三江源草地上的雪雀

"找找看"？

下图中，哪些属于生物成分？哪些属于非生物成分？

二　我一路向西，追寻三江源生态系统

不同的生态环境决定了该地区生长的特定植物，反过来，植物类型影响了该地区动物、植物以及微生物等的类别、分布及其相互作用关系，因而形成了不同的生态系统。三江源国家公园地貌类型丰富，跨越暖温带和温带，加之海拔高度的变化，从而具有气候的多样性和生态环境变化的复杂性，形成了丰富而独特的多样性生态系统。

由三江源公园东部一路向西，我们可以看到河流纵横蜿蜒，湖泊星罗棋布的湿地生态系统，还能看到森林、草地、荒漠更迭出现。

地球上的每一个地方都有其独特的气候，也就是该地区天气变化的规律。它会对在那里生活的生物种类产生影响。

草地生态系统　图登华旦摄

草地生态系统

江源森林生态系统　付洛摄

森林生态系统

三江源国家公园遥感影像图

荒漠生态系统

荒漠生态系统　刘山青摄

湿地生态系统

湿地生态系统　图登华旦摄

　　三江源园区属于高原山地气候，表现为气温低（年平均气温 −5.6~3.8℃），降水较少且干湿两季明显（年平均降水量 262.2~772.8mm，其中 6~9 月降水量约占全年降水量的 75%），日照时间长，辐射强烈，四季区分不明显。由于海拔较高，绝大部分地区空气稀薄，植物生长期短，牧草生长周期不足 3 个月。由于海拔的垂直变化大，地貌类型丰富，气候环境多样，生境变化复杂，从而形成三江源园区丰富而独特的生态系统类型。

1 独特的环境孕育独特的生物

　　青藏高原独特的自然环境，孕育了三江源国家公园独特的生态系统。三江源园区独特的地貌类型、丰富的野生动物类型、多姿多彩的森林与草原植被类型，构成了一道亮丽又独特的自然风景，更为大自然景观增添了奇幻和瑰丽的色彩。

　　三江源园区典型的生态系统类型有森林生态系统、草地生态系统、荒漠生态系统、湿地生态系统等。从生态系统的生物种类组成来看，许多动植物种类为青藏高原特有种或主要分布于青藏高原地区，如国家级珍稀保护动物野牦牛、藏原羚、藏羚羊、雪豹、藏野驴等，代表植物如川西云杉（*Picea likiangensis*）、大果圆柏（*Sabina tibetica*）、紫花针茅（*Stipa purpurea*）、青藏苔草（*Carex moorcroftii*）、多种蒿草属植物等。

荒漠中的藏羚羊　闹布·文德摄

2 少被征服，保留本色

　　三江源国家公园是"世界屋脊"青藏高原的重要组成部分，这里高山耸立，雪山连绵，主要山脉有昆仑山主脉及其支脉可可西里山、巴颜喀拉山、唐古拉山等，平均海拔 4500 米以上。许多高原地区的生态类型和自然景观很少受到人类活动的干扰，保留了最自然原始的状态。

3 我也有我的脆弱

三江源草原　付洛摄

由于青藏高原隆起的时间不长，三江源国家公园的土壤、植被等自然环境还处于年轻的发育阶段，生态系统的结构和功能相对简单。高寒生态系统的稳定性较低，容易受到外界因子的干扰，自身的调节机制也不够健全，一旦遭到破坏，恢复极为困难和缓慢，有时甚至是不可逆转的。

4 筑牢生态屏障，守护清水东流

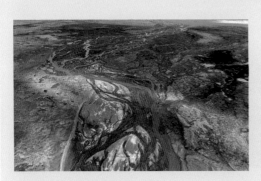

三江源湿地　闹布·文德摄

青藏高原是全球生物多样性保护的重要区域，是东亚气候稳定的重要屏障。青藏高原被认为是全球气候变化的敏感区和启动区，同时，其"中华水塔"甚至"亚洲水塔"的战略地位决定了该地区在减缓和适应全球气候变化、维护区域可持续发展能力和国家生态安全等方面都具有重要的战略意义，为中华民族甚至亚洲地区民族的可持续发展提供了战略安全屏障。

位于青藏高原腹地的三江源国家公园是青藏高原生态屏障的重要组成部分，其独特的气候特征、特殊的地理位置和丰富的物种基因，使其在全国甚至全球生态系统中占有非常突出的战略地位。三江源国家公园形成了东部以水源涵养、中部以土壤保持、西部以防风固沙为核心的生态屏障，确保一江清水向东流。

三 三江源森林生态系统

1 探寻古往今来

    三江源国家公园在远古时代曾有过丰富的森林资源，随着青藏高原的不断抬升，气候由亚热带向暖温带和温带转变，降水减少，森林不断退却和消失。目前，三江源园区内林地资源总面积约为 30 万公顷，仅占园区总面积的 2%。

    三江源园区的乔木林主要是针叶树种组成的天然林，其中，云杉属和圆柏属分布最广、蓄积量最大。如果你到澜沧江流域杂多县昂赛乡的河谷地带，就能看到川西云杉（*Picea likiangensis*）、大果圆柏（*Sabina tibetica*）为主的森林。

    从乔木林往上，在森林和草地之间，能发现各种各样的灌木林，一人多高，长得密密实实。这里的灌木林以山生柳（*Salix oritrepha*）和金露梅（*Potentilla fruticosa L.*）为主，别小看这些灌木林，一些小动物就喜欢在灌木林里待着，以此打掩护。

三江源乔木林　付洛摄

2 青藏有森林，绝世而独立

　　三江源国家公园的林地中，大部分植物为青藏高原特有种，在水源涵养、水土保持、生物多样性保护和吸收大气二氧化碳增强碳汇等方面发挥着重要生态功能。这部分森林位于横断山脉的林区向高寒草地过渡的地带，不仅是优美的景观，其植物多样性在青海省也颇为重要。

三江源森林生态系统　肖巴摄

3 高原有个"小江南"

　　提到高原，人们就会想到冰山、草地、满身披着长毛的大牦牛，气候十分寒冷。我却告诉你，这里也有青山绿水，气候湿润，也有茂密的原始森林，你相信吗？

　　有的！这就是班玛县。请你翻开地图，我们一起来找这个神秘有趣的地方。

班玛县位于三江源国家生态保护综合试验区内，地处青南高原东部、巴颜喀拉山东北麓，地势东南低西北高，这里气候条件相对较好，全县年平均气温2.4℃，好于州内其他各县。同时，境内年平均降水量638毫米，年蒸发量1281毫米，年降水

班玛县森林　雅格多杰摄

量仅次于久治县，为全省第二。夏秋季的班玛，青山绿水，气候湿润，景色分外迷人。

为什么呢？因为与果洛州其他各县相比，班玛县平均海拔4093米，低于州内其他各县。由于海拔较低，加上境内有全省最大的原始森林、巴颜喀拉山的支脉仁玉山横贯东西形成群山环抱的盆地地形等原因，造成了县内独特的"小气候"。因此，班玛县也素有"果洛小江南"的美称。

"果洛小江南"　蔡征摄

四 三江源草地生态系统

1 "内外兼修"的优质牧草

草地生态系统是三江源国家公园最主要的生态系统类型，草地资源总面积约为996万公顷，约占总面积的81%。

三江源园区的高山草甸土孕育出耐高寒的蒿草科、莎草科、禾本科、豆科、菊科、十字花科等种类牧草，营养价值很高。因此，这里的藏绵羊、牦牛、玉树马、紫绒山羊等高原家畜品种优良。

右图中这片亮丽多彩的高山草甸就是一个完整的生态系统。其中生活着各种动物、植物和微生物。

三江源草原放牧　切嘎摄

三江源高山草甸　切嘎摄

2 孕育生灵，保卫生态

这里的草地供养三江源国家公园的食草动物，包括野生的食草动物和家养的牲畜，食肉动物也间接依靠草地生存。

三江源草地生态系统　切嘎摄

　　草地能够防风固沙、净化空气。长满草丛的草地，地上有植株茎叶的遮挡，地下有植株根系的固定，能像网一样将土壤颗粒固定住，不易遭到风蚀。牧草的保土能力为作物的 300 倍以上，保水能力则高达 1000 倍。

3 爱她，就请保护她

小小鼠兔与滚滚洪水

　　在过度放牧和全球气候变化的影响下，三江源园区草地生态系统退化十分严重，草丛更加低矮，地下的根系变浅，生产力大大降低，鼠兔灾害不断发生，一些地方成了黑土滩，更加剧了水土流失。大量泥沙流入河流，使河床抬高和河道淤积，这成为导致洪水灾害的原因之一。保护这片天然草地已迫在眉睫。

黄石国家公园的狼

一些专家学者通过研究和观察认为，鼠兔是三江源国家公园草地生态系统的关键物种，对于维持生态系统健康和生物多样性有重要作用。毒杀鼠兔不仅不能控制鼠兔数量，恢复草地生态，还会对草地生态系统造成二次伤害，降低生物多样性，使生态系统更加脆弱。

你知道美国黄石国家公园曾将灰狼视为害兽，后为恢复生态又重新引进的事件吗？了解那段历史，想一想，我们应该如何看待三江源的鼠兔灾害？

土多一厘米，要等百年后

你知道吗？土壤资源和空气、水资源不同，它的形成和更新速度非常缓慢。科学研究表明，需几百年的时间才可以产生一厘米厚的土壤。土壤也许是我们日常生活中最不起眼的东西，却也是人类生存和发展的必需资源。

想一想

右图最左边为人工种植的外来草种，其他为野生的本土草种。想一想，这对草地保护和恢复有什么启示？

草地植物根系图　袁源绘

五　三江源荒漠生态系统

荒漠生态系统是由超强耐旱生物及其干旱环境所组成的一类生态系统。提到荒漠生态系统，很多人会联想到无生命存在的寂静荒芜之地，认为它并没有太大作用，还有许多的负效应。其实，这种想法是错误的，荒漠不等于荒芜。

1　不是所有的"荒漠"都需要被"绿化"

人为原因导致的荒漠化土地需要采取人为措施加以恢复治理，而像可可西里这样"天生"的荒漠，属于荒漠生态系统，我们需要做的是保护，而不是试图通过努力将荒漠覆盖绿色植被。

2　留住这一片"纯粹自然"

研究表明，一个世纪前，地球表面仅 15% 用于种植作物、饲养牲畜。今天，地球 77% 以上的土地（不包括南极洲）和 87% 的海洋已经被人类活动的直接影响所改变。由于目前地球上几乎已经不存在绝对意义上的"原始自然"或"纯粹自然"，因此，荒漠是人类开发程度和控制程度相对最低的自然区域。正如美国前总统林登·约翰逊 1964 年签署《美国荒野法案》时说的那样："如果想要我们的后代在记起我们时心怀感恩而非蔑视……就需留给他们一瞥世界最初的样子。"

3　青色的山脉，美丽的少女

在三江源国家公园境内，青藏公路以西，是无人居住的辽阔荒漠——可可西里。可可西里的蒙古语意为"青色的山脉"或"美丽的少女"，面积 4.5 万平方千米，最低气温约零下 46 摄氏度。

这里自然环境严酷，气候恶劣。在很长时间里，人们对可可西里几乎一无所知，

可可西里动物　曹生渊摄

甚至流传着那里"寸草不生""有进无出"的可怕传闻，是中国最大、海拔最高、最神秘的"死亡地带"。

在可可西里，人类无法长期居住，然而正因为如此，给高原野生动物创造了得天独厚的生存条件。区内有中国国家一级保护动物藏羚羊、野牦牛、藏野驴、雪豹等，被誉为青藏高原珍稀野生动物的基因库。这让它成为目前世界上原始生态环境保存最完美的地区之一，也是目前中国建成的面积最大、海拔最高、野生动物资源最为丰富的自然保护区之一。

可可西里风景　布琼摄

可可西里风景　布琼摄

4 申遗是为了更好地保护

波兰当地时间 2017 年 7 月 7 日，这一天，世界静默谛听：第 41 届世界遗产委员会大会宣布——中国可可西里，正式列入世界自然遗产名录。截至 2019 年 8 月，中国已有世界自然遗产 14 项。

可可西里申遗现场

人类社会，必然是在一次次对家园的探索和追问中前行。可可西里被公认为"人类的最后一片净土"，申遗不是为了提高知名度，而是为了更好地保护，通过申遗深入挖掘可可西里自然遗产价值的内涵，找到其保护与发展的可持续之路。

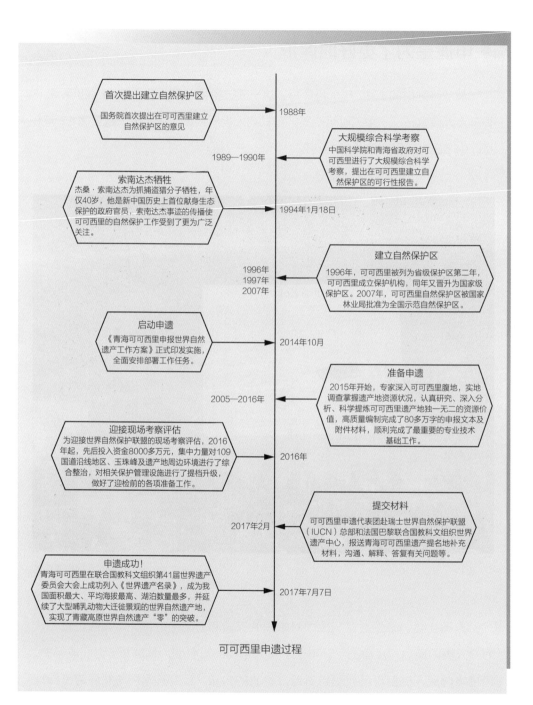

首次提出建立自然保护区
国务院首次提出在可可西里建立自然保护区的意见

1988年

大规模综合科学考察
中国科学院和青海省政府对可可西里进行了大规模综合科学考察，提出在可可西里建立自然保护区的可行性报告。

1989—1990年

索南达杰牺牲
杰桑·索南达杰为抓捕盗猎分子牺牲，年仅40岁，他是新中国历史上首位献身生态保护的政府官员，索南达杰事迹的传播使可可西里的自然保护工作受到了更为广泛关注。

1994年1月18日

建立自然保护区
1996年，可可西里被列为省级保护区第二年，可可西里成立保护机构，同年又晋升为国家级保护区。2007年，可可西里自然保护区被国家林业局批准为全国示范自然保护区。

1996年
1997年
2007年

启动申遗
《青海可可西里申报世界自然遗产工作方案》正式印发实施，全面安排部署工作任务。

2014年10月

准备申遗
2015年开始，专家深入可可西里腹地，实地调查掌握遗产地资源状况，认真研究、深入分析、科学提炼可可西里遗产地独一无二的资源价值，高质量编制完成了80多万字的申报文本及附件材料，顺利完成了最重要的专业技术基础工作。

2005—2016年

迎接现场考察评估
为迎接世界自然保护联盟的现场考察评估，2016年起，先后投入资金8000多万元，集中力量对109国道沿线地区、玉珠峰及遗产地周边环境进行了综合整治，对相关保护管理设施进行了提档升级，做好了迎检前的各项准备工作。

2016年

提交材料
可可西里申遗代表团赴瑞士世界自然保护联盟（IUCN）总部和法国巴黎联合国教科文组织世界遗产中心，报送青海可可西里遗产提名地补充材料，沟通、解释、答复有关问题等。

2017年2月

申遗成功！
青海可可西里在联合国教科文组织第41届世界遗产委员会大会上成功列入《世界遗产名录》，成为我国面积最大、平均海拔最高、湖泊数量最多，并延续了大型哺乳动物大迁徙景观的世界自然遗产地，实现了青藏高原世界自然遗产"零"的突破。

2017年7月7日

可可西里申遗过程

5 荒漠里的生物廊道

伴随着人类社会的飞速发展，代表着文明繁荣的交通网深刻地改变了地球的面貌。它们连接起城市乡村，不断缩短着人与人之间的距离，却也在野生动物的家园中划筑起了一堵堵"柏林墙"，威胁着它们的生存。

在青藏铁路的建设中，开始考虑到野生动物通道的问题。青藏铁路和青藏公路穿越辽阔的高原地带，那里也是诸多野生动物，如藏羚羊、藏野驴的家园。为了降低交通线对动物迁徙和生息繁衍的影响，道路规划者们做出了许多努力，根据不同动物的迁徙习性，建设了多样的"生命通道"。

通道被设计为桥梁下方、隧道上方及缓坡平交三种形式。

对于藏羚羊等中小型动物通道，桥下通道部位净高大于 3 米。对于藏野驴、野牦牛等大型动物的通道，桥下通道部位净高大于 4 米。沿线还设有大量的桥梁、低路堤及家畜通道，也可供野生动物通行。

可可西里生物廊道　李军摄

一只藏羚羊　闹布·文德摄

Tips

生物廊道——从"征服自然"到"保护自然"

根据不同地区动物的生活习性、迁移习性等不同，应设置不同形式的生物廊道，你还知道哪些其他的生物廊道呢？

六 三江源湿地生态系统

根据1971年签订的《湿地公约》，湿地是天然或人工，长久或暂时的沼泽地、湿原、泥炭地或者水域地带（包括静水、流水、淡水、咸水、低潮时不超过6米的水域）。简单来说，湿地就是潮湿的陆地。湿地生态系统是水陆系统相互作用形成的生态系统，处于陆地生态系统（如森林和草地）和水生态系统（如湖泊和海洋）之间过渡带的自然综合体。

滚滚而逝的江河、潺潺流过的小溪、神秘幽静的沼泽、明媚灿烂的沙滩、郁郁葱葱的水稻田……这些美景都是湿地，湿地就在我们身边。

三江源国家公园湿地资源总面积为215万公顷，约占总面积的17%。三江源园区河流密布，湖泊、沼泽众多，高山冰川广布，是世界上湿地生态系统中海拔最高、面积最大、分布最集中的地区。

三江源湿地　许明远摄

1 三江源为何形成了大面积湿地？

三江源园区冰雪融水量充足，地表水丰富；地下有冻土层，地表水不容易下渗；海拔较高，气温低，蒸发量小；地势低平，地表水不容易排泄出去；土壤中水分饱和，形成大面积湿地。

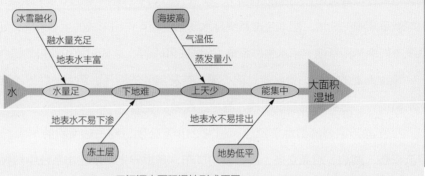

三江源大面积湿地形成原因

找一找

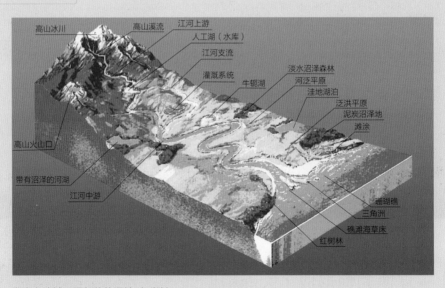

发育在流域不同部位的湿地 赵学敏

图中的湿地类型，哪些在三江源地区分布？

水是湿地的"血液"，是湿地出生、生长、死亡的关键，是湿地生态系统中最重要的组成部分。

在三江源园区，宏大的江河并不多，星星点点的湖泊倒是随处可见。这里是一个湖泊的王国，大大小小的湖泊有 16500 多个，占中国湖泊总数的近一半。湖泊都在低处，高处则是巍巍雪山和山脊间积蓄的冰川，其间就是延绵不绝的草场。那些巨大的冰川、雪山持续稳定地提供着融水，广袤的具有"海绵"效用的草场则不停地凝结、积蓄着水汽，然后再汇聚到低处的湖泊、沼泽中去。它们成为三江源园区水资源系统重要的组成部分。如果说青藏高原与大气环流的运转体系为长江、黄河和澜沧江提供了足够的水源的话，那么三江源园区那大面积的高寒草甸、高山草原和高寒沼泽，以及密如织网的以河流湖泊为主体的高原湿地生态系统，就为这数量惊人的水源提供了最佳的蓄水场所。就这样，植被、沼泽和水体构成了三江源园区这个完整的、不可分割的生态系统的基础。

2 为什么三江源湿地生态系统很重要？

三江源湿地生态系统发挥着涵养水源，补给长江、黄河、澜沧江等大河水源，供野生动植物生存等作用。

天然调节器

打开三江源园区水系图，观察江河源头，你会发现任何河流的源头并非只有一条"脉络"，而是汇集了千万条细流。千年积雪融化成溪，从千峰万壑潺潺流出，渗进山脚下的草甸。松软的草甸像海绵一样，把散乱无章的细流"集合"在一起，然后汇入地下径流，再由径流将储存的水源持续不断地输送到河道。这一"收"一"放"，从时空上调节了水的运行节奏，避免了江河水满为患，泛滥成灾。

家园守护者

三江源园区的湿地不仅是植物生长的理想场所，也是鸟类、鱼类和两栖动物繁殖、栖息、迁徙和越冬的乐园。存储于湿地中的水，为维持湿地植物的生长和代谢提供了良好的物质条件；湿地植物又为湿地动物提供了丰富的食物。三江源园区很多珍稀水禽的繁殖和迁徙离不开湿地。

湿地也是土地荒漠化、盐碱化的重要防线。荒漠化、盐碱化严重的地区，往往首先从湿地的丧失开始。一旦突破湿地这道防线，沙尘和盐泽就会毫无遮拦地向人居环境推进。

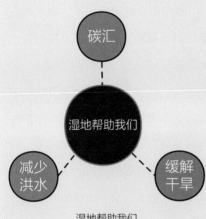

湿地帮助我们

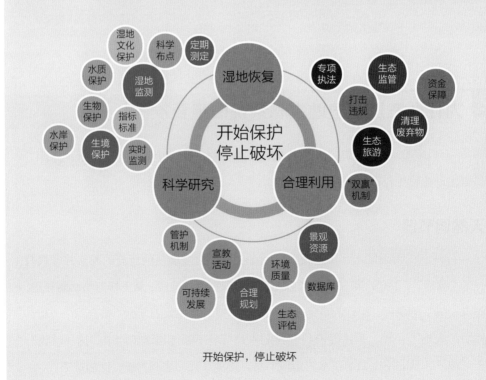

开始保护，停止破坏

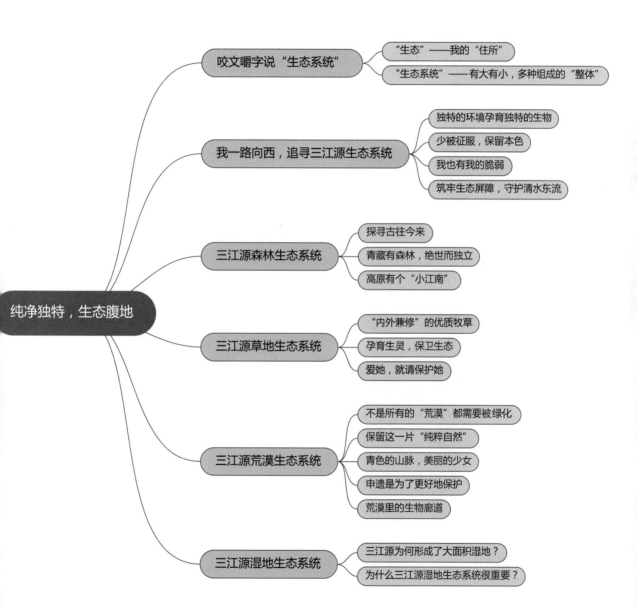

纯净独特，生态腹地

- 咬文嚼字说"生态系统"
  - "生态"——我的"住所"
  - "生态系统"——有大有小，多种组成的"整体"

- 我一路向西，追寻三江源生态系统
  - 独特的环境孕育独特的生物
  - 少被征服，保留本色
  - 我也有我的脆弱
  - 筑牢生态屏障，守护清水东流

- 三江源森林生态系统
  - 探寻古往今来
  - 青藏有森林，绝世而独立
  - 高原有个"小江南"

- 三江源草地生态系统
  - "内外兼修"的优质牧草
  - 孕育生灵，保卫生态
  - 爱她，就请保护她

- 三江源荒漠生态系统
  - 不是所有的"荒漠"都需要被绿化
  - 保留这一片"纯粹自然"
  - 青色的山脉，美丽的少女
  - 申遗是为了更好地保护
  - 荒漠里的生物廊道

- 三江源湿地生态系统
  - 三江源为何形成了大面积湿地？
  - 为什么三江源湿地生态系统很重要？

石占果摄

第五章
天地人和　生生不息

　　三江源地区自然资源丰富，地形地貌复杂，自然环境类型多样，为动植物资源的分布提供了极其独特的环境条件，是世界上高海拔地区生物多样性最丰富、最集中、特点最显著的地区，人们给它赋予"高寒生物自然种质资源库"的美名。

　　2012 年至 2014 年科学家经过三年的野外调研，共记录下了 250 余种鸟类、40 余种哺乳动物、10 余种两栖爬行动物、20 余种鱼类、150 余种昆虫、200 余种植物等合计约 700 余种野生生物，其中许多是极其稀有和罕见的物种。

　　在千百年来牧业发展的历史长河中，三江源地区独特的生物多样性仍保留了相当的规模，得益于这里百姓对神山圣湖的传统信仰，以及长期以来顺应自然时空发展规律的生产生活习惯，为人与自然的和谐相处这一亘古难题提供了重要启示。

　　让我们走进生物的多样性，翻开三江源物种莫不可测的生存智慧之书。

一　天地有大美而不言

① 高原上的生物多样性

　　青藏高原的隆起是源区生物多样性形成的基础。在青藏高原剧烈隆起的过程中，生态环境不断发生着巨大变化，由低海拔和亚热带的湿润、半湿润生态环境向现代高寒半干旱、干旱生态环境演变与过渡。在演变过程中，受到海陆变迁的影响，使得周边物种迁入其间，物种不断分化，产生很多青藏高原特有种。三江源区正是在这样的环境下，向大地展现出丰富多样的生物物种。

①它们生活在哪里？

　　三江源国家公园山体起伏强烈，形成了多种多样的地貌类型和气候类型，植物在复杂多样的生境中，形成与环境相适应的特殊形态。

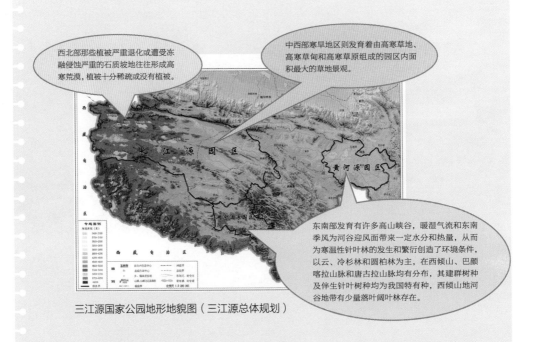

西北部那些植被严重退化或遭受冻融侵蚀严重的石质坡地往往形成高寒荒漠，植被十分稀疏或没有植被。

中西部寒旱地区则发育着由高寒草地、高寒草甸和高寒草原组成的园区内面积最大的草地景观。

东南部发育有许多高山峡谷，暖湿气流和东南季风为河谷迎风面带来一定水分和热量，从而为寒温性针叶林的发生和繁衍创造了环境条件，以云、冷杉林和圆柏林为主，在西倾山、巴颜喀拉山脉和唐古拉山脉均有分布，其建群树种及伴生针叶树种均为我国特有种，西倾山地河谷地带有少量落叶阔叶林存在。

三江源国家公园地形地貌图（三江源总体规划）

②为什么要维护三江源的生物多样性？

第一，世界上70％的人口生活在农村，他们的生存和福祉直接依赖于生物多样性。

第二，平均物种丰度在不断降低——从1970年到2000年间下降了40％。

第三，不可持续消费的现象继续存在，导致对全球资源的需求超过了地球生物承载力的20％。

第四，地球上80％的生物生活在森林中，而每天有250种物种在消失。

三江源地区是中国乃至亚洲大江大河的发源地，其独特复杂的生态系统为下游上亿人口的饮水安全提供了举足轻重的保障，高原恶劣的生存环境为食物链顶级的动物提供重要的不可替代的避难所，是维护全国乃至全球物种多样性的不可或缺的一环。

③不可替代的三江源

三江源地区东西横亘的高大山系，相间的高原、宽谷和盆地，星罗棋布的湖泊，复杂多样的气候，造就了三江源独具特色的生物类群。

有研究通过实地勘察比较和公式指数运算，计算三江源地区的不可替代性指数分布，结果表明，三江源地区高、中不可替代性区域分别占总面积的10.32%和22.63%，具有世界仅有的不可替代的生物多样性分布。

2 昨晚高原上动物们的盘中餐

归隐在岩壁上等候猎物多时的雪豹一拳击中了一只正在上山的岩羊的脖子，岩羊倒下后再无反击之力

雪豹　山水自然保护中心摄

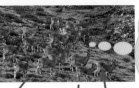

岩羊　李友崇摄

昨天的晚餐，这群岩羊饱餐了一顿草地里鲜嫩的草甸植被

高原兔　王成材摄

昨天晚上，高原鼠兔美美地吃了一顿垫状植被，草甸与灌丛中植物的叶子

草甸植物
李友崇摄

高山兀鹫　吴成摄

昨晚，草甸和矮灌丛从土壤中汲取的养分来自一只死去的岩羊，一只死去的高原鼠兔，一只死去的藏野驴……

藏野驴　李友崇摄

昨天的晚餐，高山兀鹫一家吃了一只生病死去的野牦牛，一只被狼群咬死并吃剩的藏原羚，一只死去的岩羊……

藏原羚　马贵摄

旱獭　李友崇摄

野牦牛　曹生渊摄

狼　李友崇摄

昨晚……狼群成功地捕捉到了一只膘肥体健的藏野驴，一只刚从冬眠中醒来的旱獭，一只年老的野牦牛，一只年幼的藏原羚

被吃 ——→ 吃
被吸收养分 --→ 吸收养分

112

三江源中所有生物的存在，对于这个生态环境的健康和延续都是必不可少的。无论是在天空中翱翔的高山兀鹫，还是正在挖洞的高原鼠兔，抑或是鲜嫩的草场，这些生物都互相关联着。一些动物捕食其他动物，另一些动物以植物为生，而植物则从阳光中获得能量，从土壤中吸收水分和养料，这就构成了食物链。在每一个栖息地中，众多食物链相互连接，最终形成了食物网。

食物链中的植物、动物和微生物相互依存，如果某个物种缺失，造成食物链突然中断，就会影响食物链中的其他物种。食物网越复杂，生态系统抵抗外力干扰的能力就越强，食物网越简单，生态系统就越容易发生波动甚至毁灭。这体现了生物多样性是一个不可分割的整体，其中的各个要素之间是相互影响、相互关联的。

二　倾听沧海桑田

随着时间的推移，青藏高原逐步长高隆起。在这个漫长的过程中，一些地方保留下古地理环境中曾经广为分布的物种，同时又产生了许多新的植物物种。三江源区特殊的地形、地貌与气候，造就了"风情万种"的人间仙境。

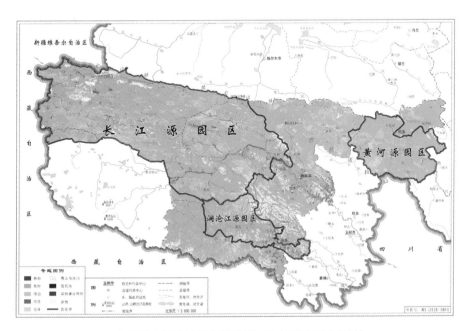

三江源国家公园土地利用覆盖植被图（三江源总体规划）

三江源国家公园地处青藏高原高寒草甸区向高寒荒漠区的过渡区，主要植被类型有高寒草原、高寒草甸和高山流石坡植被；高寒荒漠草原分布于园区西部，高寒垫状植被和温性植被有少量镶嵌分布。公园内共有维管束植物760种，分属50科241属。野生植物形态以矮小的草本和垫状灌丛为主，高大乔木有大果圆柏等。

园区内国家二级保护植物有麦吊云杉、红花绿绒蒿、冬虫夏草3种，列入国际贸易公约的兰科植物31种，青海省级重点保护植物34种。

三江源区植物乔木、灌木和草本植物所占属类百分比

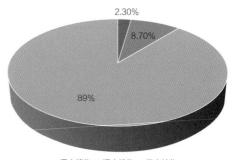

三江源区植物不同属所占的百分比

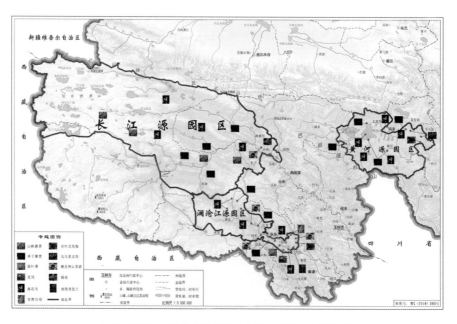

三江源国家公园珍稀野生植物分布图（三江源总体规划）

三江源国家公园拥有许多珍稀野生植物，长江源区主要分布的是：山岭麻黄、单子麻黄、麻花艽、辐花、唐古特山莨菪等珍稀野生植物；黄河源区主要分布的是羽叶点地梅、达乌里龙胆、单子麻黄、麻花艽等珍稀野生植物；澜沧江源区主要分布的是唐古特山莨菪、麻花艽、剑唇兜蕊兰、星叶草、羌活等珍稀野生植物。

1 代代更替

搭载时空穿梭机，让我们拾回被遗忘的时光：

地质历史时期	距今	代表事件	古地理植被环境	高原面海拔（米）
上新世时期	5.332 ± 0.005 百万年前	人类的人猿祖先出现	热带或亚热带森林和森林草原	1000
更新世时期	2.588 ± 0.005 百万年前	冰期与间冰期交替时期，冰河时代，大量大型哺乳动物灭绝，人类进化到现代状态	藏南以亚热带针阔混交林为主，北部出现灌丛和草原植被	2000~4000
全新世时期	0.0117 百万年前	人类繁荣	最终奠定了高原由西北往东南依次分布的荒漠、草原、草甸、灌丛、森林的基本格局。高原地域辽阔，草地类型多样，牧草种类丰富。青藏高原有各类天然草地 14 亿平方千米，占青藏高原总面积的 60%，由高寒草甸、草原、荒漠草地组成，其中高寒草甸面积占 28.67%，是高原分布面积最大、最重要的生态系统。	4000~5000

跟随时空穿梭机，我们看到了高原由低海拔亚热带温带地理环境向高海拔高寒地理环境发展演变的过程。自然地理环境的变迁使生物群落发生代代更替，打破本应该按纬度有条带状分布的植被类型，形成独立于中低纬度的大面积高寒生物地理环境。

2 层层部署

随着山地高度的增加，气温随之降低，从而使自然地理环境发生规律性的垂直变化。受温度、水分条件制约的植被、土壤等也发生相应的变化，自下而上组合排列成山地垂直自然带谱。通常只要有足够的相对高度（一般 500 米），山地就会出现垂直带的逐渐变化、分异。

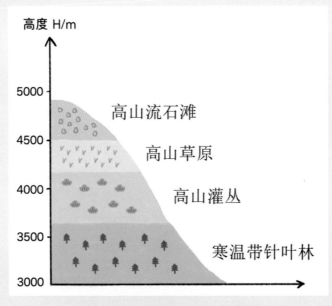

三江源地区植被的垂直地带性　王婷钰绘

三江源地区与青藏高原的东南隅相比，海拔更高，海拔跨度相对较小，降水较少，多草甸、灌丛而少森林。

这里的植被类型按海拔从高到低，有如下各垂直自然带：高山流石滩、高山草原、高山灌丛、寒温带针叶林。

高山流石滩：海拔通常在 4500 米以上，年均温在 -4℃以下，最热月均温也在 0℃以下，经常出现霜冻、雪雹和强风。流石滩上的植物多具有速生、叶片厚、根系发达等特点，强大的根系是为了适应强风和松动的碎石环境。流石滩上的植物多呈斑块状、簇状匍匐在地面零星分布，许多极为珍稀罕见的高山花卉在此孤傲绽放。

116

生长在高山流石滩的水母雪莲花　才让当周摄

如大黄属、绿绒蒿属、无心菜属、红景天属、丛菔属、乌头属、点地梅属、棱子芹属和风毛菊属中，其中较为著名的物种有大花红景天、苞叶大黄、塔黄、垫状点地梅和球花雪莲、毡毛雪莲以及苞叶雪莲等。

生长在高山流石滩的金缘叶绿绒蒿（黄色花）和多刺绿绒蒿（蓝紫色花）雷波摄

高山草原：草原在三江源地区占据着大部分面积，由于不同地区的水分条件有所差异，同时受到的人为干扰强度也不同，所以草原植物的种类及其分布也是有所差异的。在水分较为充沛的草原，常能见到喜水的植物，以紫堇属、虎耳草

点地梅 董磊摄

属为代表，还有天山报春、阿拉善马先蒿等代表植物；在半干旱草原多生长耐旱的植物，比如羽叶点地梅、绿绒蒿、西藏微孔草、青海茄参等。

高山灌丛：高山灌丛多分布在海拔范围为 3800~4200 米的高山，有大面积高度小于 5 米左右的灌木分布，三江源地区的高山灌丛由柳属、沙棘属、杜鹃花属植物组成，以极富高原特色的绿绒蒿属、报春花属、马先蒿属、贝母属等植物为代表。

寒温带针叶林：这一植被类型分布在青海省东南部海拔为 3500 米左右的高山峡谷地带，分布的主要针叶林植物种类为川西云杉、桦木林、山杨林、祁连圆柏等。

每一物种所产生的个体数，远远超过其可能存活的个体数。其结果是，由于生存斗争此起彼伏，倘若任何生物所发生的无论多么微小的变异，只要能通过任一方式在错综复杂且时而变化的生活条件下有所获益，获得更好的生存机会的话，便会被自然选择了。

——[英] 查尔斯·达尔文《物种起源》

达尔文

3 高寒植物的"秘密武器"之谜

生长在高寒草甸的植物，为了适应干冷恶劣的自然环境，都拥有生存的"秘密武器"。通过解读这些秘密武器，我们能领悟到高原植物顽强生命力的奥秘。

在地球上，由水里到陆地，再到 5000 多米的高山，都是植物的生存范围。越往高处走，植物的种类就越少。在冰天雪地、空气稀薄的环境中，一般植物无法生存，只有那些特别耐寒的植物才能适应。

三江源上由花草组成的高寒草原和草甸以及高山灌丛景观异常美丽，以菊科、唇形科、罂粟科、蓼科、报春花科、龙胆科、蔷薇科、虎耳草科等为代表的植物，构成了色彩斑斓的世界，蓝、黄、红、白、紫各色花卉组成了美丽的画卷。在这色彩斑斓的世界背后蕴藏着无穷无尽的高原植物生存智慧。

①卧薪尝胆的枝

巍巍昆仑山前，干旱的格尔木戈壁上，沙棘四处可见。青藏高原上的沙棘主要是西藏沙棘和肋果沙棘。

在藏东南低海拔的谷地中它可高达十多米，但在羌塘高原上却成为只有几厘米高的小灌木了。一丛丛灌木匍匐在地上。植物学家说，这种古老的植物本来可以长得很高，但是为了适应不断抬升、气候恶劣的高原环境，它们只能不断低下头去，以求生存。的确，它们看上去不漂亮，但它们顽强求生的毅力，有一种令人敬畏的生命之美，三江源地区还有很多像这样"奋斗"在高原恶劣自然环境下的植物。

低矮灌木沙棘　许明远摄

沙棘树　陆福根摄

为什么越长"大"身边的伙伴儿越少？

在地球上，由水里到陆地，再到5000多米的高山，都是植物的生存范围。越往高处走，植物的种类就越少。在冰天雪地、空气稀薄的环境中，一般植物无法生存，只有那些特别耐寒的植物才能适应。

高海拔地区紫外线比较强，而紫外线又能抑制植物的生长，所以高山植物身材都比较矮，还能造就植物花朵的五颜六色。高海拔地区温度过低，矮小的植物有利于保温；高山土壤比较疏松，地势比较陡，土壤中的营养物质容易被雨水冲走，土壤比较贫瘠，植物由于得不到充足的养分，从而影响了生长发育。高山上风特别大，为了防止被风吹倒，植物的茎也会向缩短的趋势进化。

②深藏若虚的根

在三江源园区的干旱地带，簇簇红柳顽强生长。为了汲取水分，红柳的根扎得很深，根须伸得很长，最深最长的可达30米，以汲取水分。红柳把被流沙掩埋的枝干变成根须，再从沙层的表面冒出来，伸出一丛丛细枝，顽强地开出淡红色的小花。春天红柳火红色的老枝上，发出鹅黄的嫩芽，接着会长出一片片绿叶。高寒的自然气候，使高原人很容易患风湿病，红柳春天的嫩枝和绿叶是治疗这种顽症的良药，使许多人摆脱了病痛的折磨。因此，藏族老百姓又亲切地称它为"观音柳"和"菩萨树"。红柳亦称柽柳，落叶小灌木，叶绿花红，枝叶可供药用，为沙漠盐碱地增添了一抹生机。

红柳树

③争奇斗艳的花

　　高山植物生活在这种残酷的环境下，经过长期的适应，产生了大量的类胡萝卜素和花青素，这两类物质有一个共同的特点，就是能吸收紫外线。含有花青素的花瓣可显现红、蓝、紫各色。花青素的颜色随着细胞液的酸碱性不同而发生变化：细胞液为酸性时它呈红色，细胞液为碱性时它呈蓝色，细胞液为中性时它便表现为紫色。青藏高原低海拔的河谷地带，白色、粉色等浅色系的花也占有相当的比例。

三江源绚丽的花　李友崇摄

122

另外，高山上的昆虫相对温暖的陆地来说要少很多，花朵颜色艳丽还可吸引昆虫，以便给花朵传粉。可以说，花的色彩是植物对自然环境适应的长期演化结果，受多种因子协同作用的影响。

④明哲保身的紫

在青藏高原西部及祁连山、昆仑山等山地上分布着以紫花针茅为主的高寒草原，这是高寒草原最具代表性的草地群落。

青藏地区还有极富特色的甘肃黄芪、绿绒蒿、蓝花翠雀、深紫报春、唐古特延胡索等。

藏菠萝花　李友崇摄

这些植物的花朵有一个共同的特点——蓝紫色，蓝紫色花是三江源植物进化中的明智选择，因为只有蓝色才能有效抵抗紫外线的侵袭。高原紫外线强烈，对植物体有伤害，花朵颜色偏紫色，是为了反射阳光中的紫外线，避免其伤害。

甘青乌头　陆福根摄

重齿风毛菊　陆福根摄

⑤铿锵有力的刺

仔细观察三江源地区的灌木的木质部或花朵的茎，不难发现，有很多带刺的

多刺绿绒蒿　张树民摄

植物，这又是什么原因呢？

植物有刺也是经过长期自然选择的结果，有些植物的刺是自身退化了的叶子，这样水分就不容易散失，可大大减少水分的蒸发，使体内水分消耗减少，这类植物能长期适应高温、干旱等不良环境。还有一些植物有刺，是植物自身保护的生理现象。一些动物喜欢觅食嫩叶和嫩枝，造成一些植物（特别是豆科）生长繁衍困难。经过长期进化，许多植物的枝和叶上长出坚硬的刺，以保护自己不受伤害。在三江源地区，沙棘灌木、红柳树、青海刺参、绿绒蒿等植物都是带刺的。

4 生如夏花之绚烂

杜鹃、报春、龙胆被视为世界三大高山花卉。

①杜鹃鸟日夜哀鸣而咯血，染红遍山

遍山杜鹃

杜鹃，又名映山红、山石榴，为常绿或平常绿灌木。相传，古有杜鹃鸟，日夜哀鸣而咯血，染红遍山的花朵，因而得名。川西与藏东南地区分别位于青藏高原的东缘与南缘，为世界杜鹃花属植物现代分布中心的两个重要

组成部分，从海拔 400~5400 米均有杜鹃花亚属植物分布。

杜鹃花　　　　　　　　　　杜鹃花

②为何只知迎春花，不知报春花？

报春花属是一个由 500 个兄弟姐妹组成的大家族，几乎遍布整个北半球，整个家族中有 3/5 的种类都生活在中国，这里是当之无愧的报春花分布中心。1820 年前后，英国的传教士把我国的藏报春引入英国，这些藏报春于次年开花，引起极大轰动。从此以后，欧美等国不断派人来我国采集报春花属植物的种子和标本，对以后欧美等国培育美丽的报春花品种做出了重大贡献。

那么，问题来了，如此庞大的家族，如此广泛的分布，如此悠久的历史，为什么报春花在我们生活中却是默默无闻的呢？

天山报春　陆福根摄

那是因为报春花贪图冷凉的环境。通常来说，它们只喜欢 10~25℃ 的生活环境，太阳不能太大，水分不能太少，土壤不能太贫瘠。把这些要素通通结合起来，报春花的理想家园就只能圈定在云贵高原和青藏高原的高山之上了。再加上报春花的花芽必须在冷凉环境下才可以分化形成，所以，长久以来报春花都不是人类花园中的常客。

据初步统计，报春花科藏药植物共有 3 属 14 种。其中，含种数最多的属是报春花属，共 8 类物种，占总种数的 57.14%；其次为点地梅属，共 5 类物种，占总种数的 35.71%；羽叶点地梅属最少，只有羽叶点地梅 1 种，占总种数的 7.14%。[①]

③皇帝赐名"龙胆草"

相传大洋山曾村有个穷孩子叫曾童，捡拾神仙蛇娘的蛇丹并诚实归还，蛇娘认曾童为干儿子，曾童来到京城，带着蛇娘的蛇胆汁治好了太子的病，皇帝为其赐名曾相。

一年之后，公主和太子生了同样的病，曾相又找到了蛇娘，但这一次，他贪心多次刺破蛇胆，大蛇腹痛将胆汁吐到草上，就成了"蛇胆草"，曾相则在蛇娘腹中活活闷死，蛇娘一面痛恨曾相的一味索取，但又怜惜公主病痛，就将草药带进皇宫医好了公主的病。皇帝一时高兴，问起这草药的名字，没听清蛇胆草，就说："龙胆草好，龙胆草好！"皇帝是"金口"，"蛇胆草"也就成了"龙胆草"了。后来，有人在大洋山顶盖了一座"蛇神庙"，庙里刻着一对联曰："心平还珠蛇神为娘，心贪刺胆蛇娘吞相。"

龙胆，为龙胆科植物。多年生草本，高 30 ~ 60 厘米；根黄白色，绳索状，长 20 厘米以上。茎直立，粗壮，常带紫褐色，粗糙。生长在草甸、灌丛或林缘。8 月上旬初花，花期 50 天，昼开夜闭，喜充足光照，水分要求适中。根入药，能去肝胆火。

龙胆　赵金德摄

---

① 巩红冬.青藏高原东缘报春花科藏药植物资源调查 [J]. 江苏农业科学，2011，39(05)：485-486.

三江源国家公园特有植物赏析

白花马蔺　刘芳摄

大花杓兰　赵金德摄

甘肃马先蒿　才让当周摄

唐古特青兰　才让当周摄

马先蒿　赵金德摄

东仲林场松树　切嘎摄

总状绿绒蒿　李俊杰摄

5 虫草虫草，是虫是草？

在各类资源植物中，药用植物是三江源地区最独特而品种丰富的植物资源，堪称我国药材资源的一大宝库，藏医药的悠久历史也由此而来。高原药材大多生长于高海拔、高寒缺氧、昼夜温差悬殊、日照强烈的特殊地理环境中。药用植物具备抗寒、抗旱、繁殖方式特殊、次生代谢产物复杂、光合作用有效积累高等特点，药用效能明显高于低海拔地区的药材。

Tips

冬虫夏草（肉座菌目虫草科植物）

冬虫夏草是冬虫夏草菌和蝙蝠蛾科幼虫的复合体。冬虫夏草功效众多：补气血、益肺肾、止咳等。我国冬虫夏草分布在青海、西藏、四川、甘肃、云南地区，其中西藏和青海的采集量最大。

根据冬虫夏草适宜性分布的不同海拔区域、不同植被类型区域、不同土壤类型区域，综合形成冬虫夏草资源适宜性空间划分依据。

冬虫夏草　许明远摄

冬虫夏草资源适宜性空间划分依据

适应性	海拔／米	植被类型	土壤类型	适应性分布情况
适宜区	4000～4800	高山草甸、亚高山草甸、高山灌丛草甸类	草毡土、黑毡土、草甸土类	适宜分布区，分布较多，农牧民的主要采集区
次适宜区	3500～4000 4800～5100	高山草原类	暗棕壤、棕壤、灰褐土、黑壤土、高山寒漠土	分布较少，农牧民非主要采集区
不适宜区	< 3500 > 5100	高山荒漠、温性草原、热性草丛类	寒钙土、寒冻土、岩石、冰川雪被	不适宜分布，基本无冬虫夏草

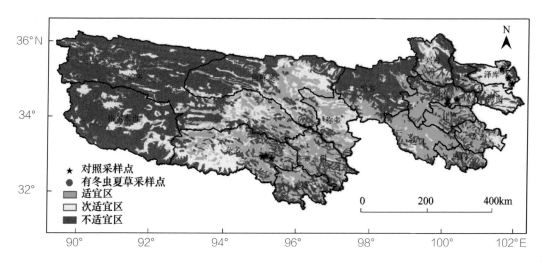

三江源区冬虫夏草适宜性空间分布区

李芬，吴志丰，徐翠，徐延达，张林波．三江源区冬虫夏草资源适宜性空间分布 [J]．生态学报，2014，34(05)：1318-1325．

Tips

用僵尸来类比冬虫夏草

　　僵尸是受到了莫名控制的活死人，冬虫夏草是虫子（蝙蝠蛾幼虫）被虫草菌控制的 [活死虫]。

虫草的一生是这样度过的

夏季，蝙蝠蛾幼虫产卵于地面，经过一个月左右孵化变成幼虫后钻入潮湿松软的土层。土里的虫草菌寄生于幼虫，在幼虫体内生长，不断蚕食幼虫直至其死亡。

经过一个冬天，到第二年春天来临，菌类的菌丝开始生长，到夏天时长出地面，虫草菌又可以开枝散叶，繁殖更多的"虫子僵尸"。

冬虫夏草只会在海拔较高的地区产出，中国最主要的产地在平均海拔3500米的高原，其中品质最好的冬虫夏草产地是青海玉树与西藏那曲两地。这与蝙蝠蛾生长习性、气候条件有密切关系。

每年6月，青藏地区的中小学都会放虫草假，孩子们上山挖虫草，感受自然给予人们的无私馈赠，感恩大自然。

冬虫夏草的演变过程 王婷钰绘

130

青藏地区人们上山挖虫草

江措扎西摄

青藏地区人们上山挖虫草

江措扎西摄

青藏地区人们上山挖虫草

江措扎西摄

挖虫草的工具和刚刚挖出来的虫草

多杰仁增摄

6 最珍贵的天然中药铺

穗序大黄　陆福根摄

小大黄　陆福根摄

唐古特大黄　马世震摄

除虫草之外，三江源地区还有很多珍稀中草药：

秦艽，系龙胆科植物的根，具有祛风除湿、舒筋止痛的作用。

木香，系菊科木香属多种植物的根，具有行气止痛、湿中和胃的作用。

大黄，系蓼科大黄属植物的根及根茎，具有泻热通畅、凉血解毒的作用。

贝母，系百合科贝母属植物的鳞茎，具有清热润肺、止咳化痰等作用。

黄芪，系斗科黄芪属、岩黄芪属多种植物的根，具有补气固表、利水消肿、排脓生肌等作用。

红景天，地上部分全草具有止血、活血的功能，可用作治疗心血管疾病，地下根茎具有益气活血、通脉平喘之功。

羌活，系伞形科植物羌活和宽叶羌活的根茎。羌活含挥发油，具有发表散热、祛风湿止痛的作用。

暗紫贝母　马世震摄

红景天　李友崇摄

羌活 马世震摄

独活，系伞形科植物，白亮独活、牛尾独活、粗糙独活和五加科葱木属植物九眼独活等植物的根及根茎，独活含挥发油及香豆精类，具有祛风除湿、散寒止痛的作用。

雪莲花从种子萌发到抽薹开花生长期需 6~8 年；最后一年七月到八月开花，其花形越大，品质越佳。雪莲根、茎、叶富含生物碱、黄酮类、挥发油、内酯、甾体类、多糖及还原性物质，其花蕾更富含微量元素和氨基酸等，具有活血通络、散寒除湿、滋阴壮阳等功效，可治一切寒症。

雪莲花

小檗属植物，在青藏高原分布广，有十余种，小檗的根和茎皮中含有丰富的小檗碱，是生产黄连素的主要原料。

除上述大批量的品种外，常用药品种还有天麻、黄檗、五味子、党参、石斛、百合、天冬、黄芩、银花、柴胡、石松、赤芍、苦参、白芷、胆草、益母草、甘松等许多千百年广泛使用的传统草药。

近些年来，随着藏医药逐渐闻名于世，世界各地的人们慕名而至，人为过度开采藏药材资源，已导致部分资源分布范围缩小，且资源较为丰富的藏药材储量急剧下降，这说明对藏医药的保护刻不容缓。在加强藏药种质资源保护的同时，应该加大对高原生物资源的科学研究，建立对藏药材物理化学鉴别标准和质量控制标准，对一些珍稀植物探索人工栽培方法或用生物技术进行培养，建立濒危藏药材种植栽培保护基地、良种繁育基地，高起点地采用当今先进的生物技术，实现在有效保护的基础上合理可持续利用。

7 草木危危

2014 年和 2015 年有研究通过全球定位系统（GPS）对在三江源地区调查到的濒危保护物种坐标进行记录，监测到 40 个濒危植物物种中，5 个为青海省特有种，分别为：南山龙胆、短柄鹅观草、青海鹅观草、青海固沙草和华福花，占三江源区濒危保护植物中青海特有种的 80%；中国特有种 16 个，占三江源区濒危保护植物中国特有种的 64%。

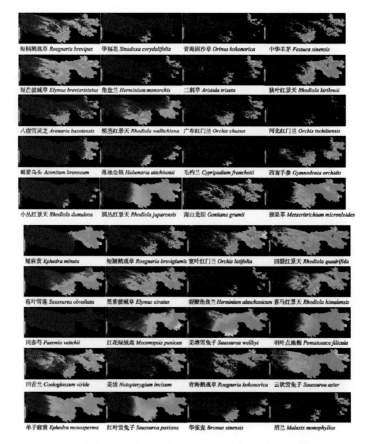

短柄鹅观草 *Roegneria brevipes*　华福花 *Sinadoxa corydalifolia*　青海固沙草 *Orinus kokonorica*　中华羊茅 *Festuca sinensis*

短芒披碱草 *Elymus breviaristatus*　角盘兰 *Herminium monorchis*　三刺草 *Aristida triseta*　狭叶红景天 *Rhodiola kirilowii*

八宿雪灵芝 *Arenaria baxoiensis*　粗茎红景天 *Rhodiola wallichiana*　广布红门兰 *Orchis chusua*　河北红门兰 *Orchis tschiliensis*

褐紫乌头 *Aconitum brunneum*　落地金钱 *Habenaria aitchisonii*　毛杓兰 *Cypripedium franchetii*　西藏手参 *Gymnadenia orchidis*

小丛红景天 *Rhodiola dumulosa*　圆丛红景天 *Rhodiola juparensis*　南山龙胆 *Gentiana grumii*　颈果草 *Metaeritrichium microuloides*

矮麻黄 *Ephedra minuta*　短颖鹅观草 *Roegneria brevighumis*　宽叶红门兰 *Orchis latifolia*　四裂红景天 *Rhodiola quadrifida*

苞叶雪莲 *Saussurea obvaliata*　黑紫披碱草 *Elymus atratus*　裂瓣角盘兰 *Herminium alaschanicum*　喜马红景天 *Rhodiola himalensis*

川赤芍 *Paeonia veitchii*　红花绿绒蒿 *Meconopsis punicea*　羌塘雪兔子 *Saussurea wellbyi*　羽叶点地梅 *Pomatosace filicula*

凹舌兰 *Coeloglossum viride*　羌活 *Notopterygium incisum*　青海鹅观草 *Roegneria kokonorica*　云状雪兔子 *Saussurea aster*

单子麻黄 *Ephedra monosperma*　红叶雪兔子 *Saussurea paxiana*　华雀麦 *Bromus sinensis*　沼兰 *Malaxis monophyllos*

三江源自然保护区草地濒危植物在 2017 年 6 月分布概率图

（图解：物种存在概率为 0 ～ 1，暖色为物种存在概率高的区域，最高为红色，依次下降为橙色、黄色、绿色、青色、淡青色，深蓝色为最低）

武晓宇，董世魁，刘世梁，刘全儒，韩雨晖，张晓蕾，苏旭坤，赵海迪，冯憬. 基于 MaxEnt 模型的三江源区草地濒危保护植物热点区识别 [J]. 生物多样性，2018，26(02)：138-148.

图像表明，三江源濒危保护植物分布自西北向东南呈现逐渐增多的规律。其中，三江源西部的杂多县、治多县、唐古拉山乡和北部的曲麻莱县基本没有濒危保护植物存在。多数濒危保护植物分布于三江源中南部的玉树市、囊谦县、班玛县、久治县和东北部的泽库县、同德县及河南县。

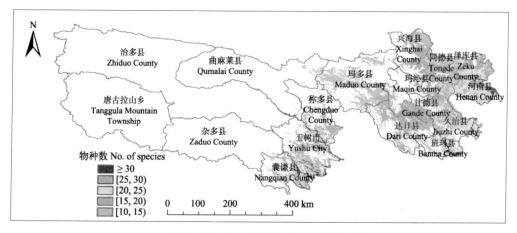

三江源自然保护区草地濒危保护植物多样性热点分布图

武晓宇，董世魁，刘世梁，刘全儒，韩雨晖，张晓蕾，苏旭坤，赵海迪，冯憬.基于 MaxEnt 模型的三江源区草地濒危保护植物热点区识别 [J]. 生物多样性，2018，26(02)：138-148.

三江源濒危保护植物的热点区结果显示：三江源濒危保护植物热点区主要分布在东部和南部地区，热点区总面积为 89438km^2，占三江源自然保护区总面积的 22.6%。

8 濒危野生植物惊鸿一瞥

青海三江源独特的地理区位及自然环境条件，蕴藏着十分丰富的野生植物资源。据初步统计野生植物 2660 余种（含种以下等级）。

兰科植物是国际公约禁止贸易的物种，在青海三江源已记录 39 个种。

松科的麦吊云杉是青海三江源分布的唯一国家三级濒危常绿大乔木，高可达 30 米，胸径可达 1 米以上，生长在海拔 3000 ～ 3450 米，是重要的高海拔荒山造林和城镇绿化树种。

小檗科的桃儿七是国家二级濒危植物，全草供药用，治慢性气管炎、高血压、慢性腰腿痛、四肢拘挛、小儿麻痹症、慢性腰肌劳损等病。桃儿七驯化繁育成功，已在三江源种植推广。

　　龙胆科的麻花艽是国家三级濒危植物，多年生草本，高 15 ～ 35 厘米，生于山坡草地、河滩、灌丛、高山草甸，海拔 2600 ～ 4500 米，为常用的重要藏药植物之一。

宽叶红门兰　陆福根摄

唐古特山莨菪，茄科（2级）
余天一摄

红花绿绒蒿，罂粟科（2级）贺大明摄

桃儿七，小檗科（2级）　赵金德摄

麻花艽，龙胆科（3级）周元峰摄

麦吊云杉，松科（3级）　李洪福摄

三　神奇动物在哪里？

1 三江源区的动物种类有哪些？

  青藏高原独特多样的生态环境使其拥有许多高原特有的动植物种类以及若干古老子遗物种。据统计，三江源国家公园内共有野生保护动物 120 余种，多为青藏高原特有种，且种群数量大。

  其中兽类 47 种，雪豹、藏羚羊、野牦牛、藏野驴、白唇鹿、马麝、金钱豹等 7 种为国家一级保护动物，藏狐、石貂、兔狲、猞猁、藏原羚、岩羊、豹猫、马鹿、盘羊、棕熊等 10 种为国家二级保护动物。

  鸟类 59 种，以古北界成分居优势，黑颈鹤、白尾海雕、金雕等 3 种为国家一级保护动物，大鵟、雕鸮、鸢、兀鹫、纵纹腹小鸮等 5 种为国家二级保护动物

  鱼类 15 种。（统计数据来源：三江源国家公园总体规划）

可可西里野生动物狐狸　李军摄

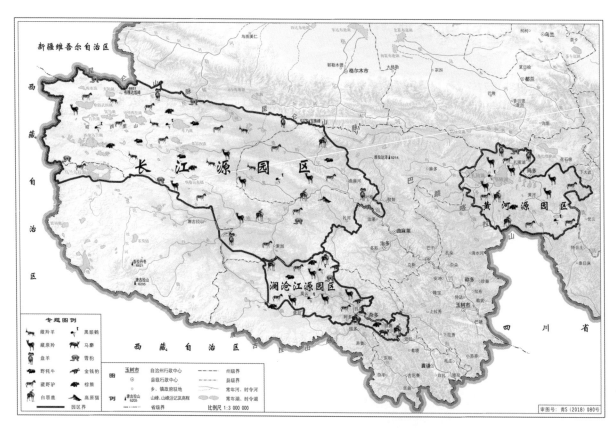

三江源国家公园珍稀野生动物分布图 + 三江源总体规划

2 蹄子？爪子？

　　兽类是哺乳动物，也是最常见的大型动物，兽类分布很广，在地球的绝大多数地方都能看到兽类的存在，兽类的行走是通过四肢的运动来实现的，由于适应环境的生活方式不同，兽类的四肢也会产生各种不同类型的演化。

	爪类动物	蹄类动物
四肢特点	四肢较短，前肢向前弯曲，有柔软的脊椎骨	四肢较长，前肢向后弯曲，脊椎比较硬
四肢落地	落地轻而飘	落地重
奔跑特点	奔跑时身体可以像弹簧一样弯曲，增加身体的弹力，每步跃出很远的距离	奔跑时背部基本上保持平直，身体缺少弹力
奔跑耐久性	距离远，时间长	距离短，时间短
食物	以肉食为主，偶尔食素	食草为主
三江源区的代表动物	雪豹、金钱豹、藏狐、石貂、豹猫、棕熊	藏羚羊、野牦牛、藏野驴、白唇鹿、马麝、藏原羚、岩羊、马鹿、盘羊
代表动物图片	\n雪豹　山水自然保护中心摄	\n岩羊　吴成友摄

①驴友，一起看遍祖国的大好河山！

蹄类动物，顾名思义是指那些长有蹄子的哺乳动物，它们多以植物为食。蹄类中最通常的自卫方式是飞快地奔跑。所以有蹄哺乳动物的四肢有显著增长的趋势。三江源地区特有有蹄类动物是高原动物区系的代表，是高原动物最具特色的部分。藏羚羊、野牦牛等受威胁有蹄类物种为世人所瞩目。

三江源地区有 28 种有蹄类动物，占中国有蹄类动物的 42%，其中，藏羚羊、藏原羚、普氏原羚、野牦牛、西藏盘羊、帕米尔盘羊、喜马拉雅麝、西藏马鹿、四川羚牛和藏野驴等 10 种为青藏高原特有种。

这些有蹄类动物中，有适应开阔高原夷平面、洪积扇、湖周盆地生境的藏野驴、藏羚羊、普氏原羚、野牦牛、白唇鹿、藏原羚。

藏羚羊　皮国青摄

藏野驴　李友崇摄

普氏原羚　李玉山摄

野牦牛体型巨大，生命力顽强，它们的双角斜向外伸出，如同一把月牙铲。它们全身覆盖着长而厚的毛，以抵御高原的严寒气候，长度可达40厘米，很像一个厚实的围裙，能够遮风避雨，还可以保暖御寒。在繁殖期，野牦牛便会组成一个"一夫多妻"制的小家庭。遇到狼、雪豹等猛兽时，这些野牦牛会自动围成圆圈，牛角向外，来保护自己族群中的小牦牛。野牦牛的四肢强劲有力，蹄子又粗又圆，但趾甲又小又尖，像一把锥子一样插在雪地里；野牦牛脚掌上有柔软的角质，这样的构造可以减缓身体下滑的速度和冲力，使它们在陡峻的高山上能够自由穿行。野牦牛非常耐劳、耐寒、耐饥、耐渴，能够栖息在人迹罕至的高山顶峰、荒漠草原等恶劣环境中，这是其他动物很难做到的。

野牦牛　曹生渊摄

野牦牛　李霄摄

白唇鹿 索南摄

藏原羚 吴成友摄

 有适应西部和北部高寒荒漠生境的鹅喉羚；

鹅喉羚 卜建平摄

有适应高山悬崖生境的塔尔羊、岩羊、西藏盘羊和帕米尔盘羊等；

岩羊　李友崇摄

盘羊　索南摄

有适应森林灌丛生境的不丹羚牛、贡山羚牛、四川羚牛、高山麝、林麝、黑麝、喜马拉雅麝（白腹麝）、西藏马鹿和喜马拉雅鬣羚等。

高山麝　班玛摄

林麝　雅格多杰摄

鬣羚　李玉山摄

贡山羚牛　李迎春摄

贡山羚牛　李迎春摄

三江源园区有蹄类物种分布不均匀，其丰富度呈东部高西部低格局，而高原特有的有蹄类则分布于高原腹地。

高寒险阻可可西里，荒野生灵繁衍之栖

藏羚羊生活在可可西里保护区海拔 4400 ~ 5500 米的湖盆和丘陵山地，常与藏野驴和野牦牛出现在同一地域。主要食物为禾本科、莎草科以及绿绒蒿属的植物。强健匀称的四肢和发达的呼吸系统，使藏羚羊具有长距离奔跑的优点，奔跑速度可达每小时 70 ~ 110 千米。即使是妊娠期甚至临产的雌羚羊，也会以 70 千米的时速疾奔迁徙产羔。

● **迁徙之谜**

为什么藏羚羊产崽前沿着固定路线迁徙？

每年 4 ~ 6 月，分布在各地的雌藏羚羊产崽前，会沿着比较固定的路线向青

藏羚羊迁徙　石占果摄

藏高原西北部可可西里的太阳湖、卓乃湖、阿尔金山保护区的慕孜塔格峰等产羔地迁徙，产羔后一段时间又返回原栖息地。为什么雌藏羚羊在怀孕期间进行长距离迁徙？对这种特殊的迁移现象，相关学者提出了种种假设。是否是为了取得更好的食物呢？但产羔地碎石遍地、植被贫瘠，只有垫状驼绒藜的新叶可供采食，植被生产力远较南部的栖息地差。是否是为了躲避天敌呢？食肉动物无法长时间追踪迁徙的有蹄类；藏羚羊在偏远地区集群产羔，有可能降低被捕食的风险；较低的气温也能够帮助藏羚羊母子躲避蝇虫干扰。还有研究从藏羚羊迁徙时间和雨季时间的同步性来看，藏羚羊迁往产羔地产羔是为了躲避固态降水相对丰富的地区，以保证新生羚羊有较高的存活率。至今，这种古老而原始的迁徙规律在国内

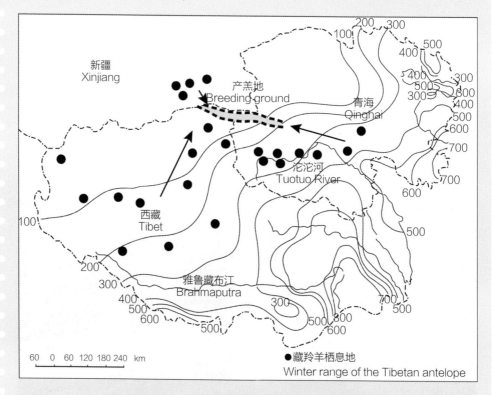

青藏高原年平均降水量的分布和藏羚羊的分布关系图

图中阴影部分代表藏羚羊的产羔地，黑色圆点代表藏羚羊的栖息地，箭头代表藏羚羊的迁徙方向。

武永华.雌性藏羚羊迁徙对青藏高原降水时空分布的适应性分析［J］.兽类学报，2007(03)：298-307.

外动物学研究中仍是不解之谜。但可以确定的是，藏羚羊的迁徙是一种对青藏高原气候的适应性行为。这种行为是在长期的进化中慢慢产生的一种适应性策略。这对该物种的长期存活有着长远的意义。

藏羚羊从一出生就开始跟随母亲迁徙，一路受尽磨难和考验，最后能幸存下来的羊崽只有 30% 左右。而这些幸存下来的羊崽都具备最优质的基因，使这个种群在青藏高原独特且恶劣的自然条件下得以延续。

● 藏羚羊在可可西里地区的生态价值

藏羚羊的粪便是草地上优质的有机肥料，保证了牧草生长，养育众多草食动物，周而复始，千年不息。

藏羚羊锄形的蹄子踏到牧草后不像其他动物使牧草倒伏，而是像农民锄地一样，有耙地松土，让牧草重新挺立起来的作用，使得牧草长势旺盛，而这又为其他食草动物创造了生存条件。

藏羚羊产崽后留下的胎盘，为狼、棕熊、秃鹫等许多肉食动物和高原水域中的众多鸟类提供了食物。

● 千山鸟飞绝，万壑兽迹灭

"谎言"：

在中东及欧美地区，长期流传着这样一种谎言：在青藏高原，每年夏天藏羚羊换毛季节，羊绒被挂在灌木上或散落在地上，当地居民把它们收集起来，织成沙图什披肩。

真实的情况是：藏羚羊的绒非常纤细，直径只有 6~12 微米。如果掉在地上，会像雾一样飘得无影无踪。而藏

管理局工作人员收缴沙图什披肩

注：本部分图片来源：可可西里：青海可可西里国家级自然保护区 10 年战斗历程 / 才嘎主编，西宁：青海人民出版社，2006，11．

电影《可可西里》中的片段：巡山队查缴试图将藏羚羊绒藏于大衣中携带出境的偷猎者
巡山队长原型为索南达杰。

羚羊生活的地方根本不能生长灌木，仅有的几种木本植物都是紧贴在地皮上匍匐生长的。要想大量取绒，只有一个途径——血腥屠杀，取皮采绒。在谎言的掩盖下，成千上万的藏羚羊倒在盗猎者的枪口下。

据不完全统计，1992—1999 年，仅青海有关部门查缴的藏羚羊皮就达 1.529 万张，如果将走私的数量估计在内，至少有近 3.5 万只藏羚羊死于非命。

● 藏羚羊的救世主——索南达杰

索南达杰

在可可西里，只有两种人会出现：一种为高额的私利而冒险；一种为高尚的信仰而坚守。他们就是盗猎者和反盗猎者，两股永远对立的势力。索南达杰则是后者，用自己的一生诠释了信仰的价值与生命的真谛。索南达杰[1] 在 1992 年 7 月，组织中国第一支武装反盗猎的队伍：治多县西部工委（别称野牦牛队），并兼任西部工委书记，由于可可西里富含丰富的矿产及野生动植物资源，引起许多盗猎者的觊觎，西部工委成立的目的便是专门负责该地区自然资源的保护，索南达杰任内曾 12 次进入可可西里无人区，

---

[1] 索南达杰是青海玉树治多县索加乡人，1974 年毕业于青海民族学院，后担任索加乡党委书记、治多县县委副书记。

亲自进行野外生态调查及以藏羚羊为主的环境生态保育工作，共计抓获非法持枪盗猎集团8伙，有效打击了盗猎者嚣张的气焰。

1994年1月18日，索南达杰在与盗猎分子的斗争中英勇牺牲。在他英勇事迹的影响下，可可西里国家级自然保护区成立，可可西里列入《世界遗产名录》，三江源地区也被确定为我国首个国家公园体制改革试点，自他开始形成的"生态保护坚守精神"代代相传。

为了纪念索南达杰，可可西里保护区的第一个保护站便以他的名字命名。"索南达杰自然保护站"是可可西里地区建站最早、名气最大的保护站，主要任务是接待游客与救治藏羚羊。

索南达杰保护站

可可西里自然保护区管理局破获特大盗猎藏羚羊案件后缴获的藏羚羊皮

注：本部分图片来源：可可西里：青海可可西里国家级自然保护区10年战斗历程／才嘎主编，西宁：青海人民出版社，2006，11.

一个索南达杰倒下了，可可西里自然保护区管理局的全体保护人员义无反顾地踏上了征程，踏着索南达杰的足迹，在茫茫无人区爬冰卧雪，风餐露宿，与武装盗猎分子浴血奋战，在法治化、规范化的轨道上无私奉献，在保护可可西里生态环境和藏羚羊等野生动物的战场上前仆后继，不断守护着这片净土上的生灵。

2000年11月，管理局得到有人收购、运输藏羚羊皮的线索，立即组织人员，才嘎局长亲自带队千里追踪，经过反复侦查、分析和搜索，于11月24日在青海化隆县抓获犯罪嫌疑人，并起获藏羚皮941张，最终罪犯被判处有期徒刑15年。

2003年5月，可可西里自然保护区管理局破获特大案件，抓获盗猎分子9名，收缴藏羚羊皮700多张，大小汽车5辆、枪3支和子弹及其他物资。

工作人员和志愿者为爱羚送葬

藏原羚和藏羚羊在牧民家得到优厚的待遇

藏原羚与保护人员朝夕相处

注：本部分图片来源：可可西里：青海可可西里国家级自然保护区10年战斗历程/才嘎主编，西宁：青海人民出版社，2006，11.

● 人间大爱

明星"爱羚"：

2001年7月14日，巡山队在卓乃湖地区破获特大盗猎案件。案发现场，有一只幸存的小藏羚羊跟跟跄跄地在死去的母亲尸体旁徘徊，一只秃鹫在其上方盘旋。队员们立即将其救起，嘴对嘴地给它喂流食。第二天又派专车将它送到设在二道沟的沱沱河保护站进行救护，并给它起名"爱羚"，希望人类的关爱能够抚慰它心灵的创伤。2005年12月1日，藏羚羊明星爱羚在与同类角斗中受伤，失血过多，抢救无效死亡。12月20日，可可西里自然保护区管理局为爱羚举行了隆重葬礼，全体工作人员和来自全国各地的20多名环保志愿者怀着依依惜别的心情，为爱羚送行。

爱羚是世界上第一只人工饲养成功的藏羚羊，也是和保护人员、志愿者一起生活时间最长的藏羚羊。

● 福娃迎迎的原型——藏羚羊

可可西里自然保护区管理局的全体干部职工在2001年北京申奥成功后，在全国各地开展藏羚羊保护巡回图片展，并通过开展可可西里环保志愿者活动进一步宣传藏羚羊。目的是想通过奥运会这样的世界性体育盛会，让全世界了解藏羚羊遭受猎杀的现状，使藏羚羊保护进一步成为世界性的行动。

2005年11月11日晚，北京工人体育馆在万众瞩目下举行2008年北京奥

运会吉祥物发布仪式，5个吉祥物跃入人们的视线，
其中就包括活泼可爱的藏羚羊"迎迎"。 迎迎是一只
机敏灵活、驰骋如飞的藏羚羊。

藏羚羊符合"更高、更快、更强"的奥运精神；
也符合"绿色奥运"的科学理念。藏羚羊的身上有着
在恶劣的自然环境中造就的顽强的毅力和拼搏进取的
精神，这是青藏高原的精神，也是青海人的精神。藏
羚羊以其独特的气质、坚韧的品格，受到了世人的喜
爱，也成了青海的一张黄金名片。

福娃迎迎

申吉成功的喜讯传到藏羚羊的故乡，青海各族人民欣喜若狂，以各种形式开
展庆祝活动，像过节一样载歌载舞，高原顿时成为一片欢乐的海洋。高原儿女群
情振奋，为藏羚羊喝彩，为青海祝福。所有的人心中流动着这样几个字：成功了，
我们的藏羚羊！

申吉成功的喜讯

注: 本部分图片来源: 可可西里: 青海可可西里国家级自然保护区10年战斗历程/才嘎主编, 西宁: 青海人民出版社,
2006，11.

151

②行走在食物链顶端，步步惊心！

食物链顶级动物存在的意义：

三江源地区是世界上最重要的生物多样性保护区域之一，为大量特有物种和濒危物种提供了栖息地，在科学研究和生态保护方面具有突出普遍价值。

三江源国家公园是青藏高原大型食肉动物生境富集区，还是中国大型食肉动物最主要的庇护所之一。

1. 地衣皮毛"大猫"

雪豹生活在人迹罕至的高海拔山地，是高山生态系统的顶级食肉动物和旗舰物种。中国有着约占全球60%的雪豹栖息地，在西部7个省和自治区（新疆维吾尔自治区、西藏自治区、青海、四川、甘肃、内蒙古、云南）的巴颜喀拉、冈底斯、喜马拉雅、天山、阿尔泰、昆仑、祁连等众多山脉都有雪豹的分布。栖息地总面积约110万平方千米。

我国是雪豹数量最多、栖息地最大的国家。雪豹也是我国一级保护动物，国际自然保护联盟濒危动物。

雪豹　山水自然保护中心供图　毛色与岩石上的地衣特征极其相似，使其能够很好地与周围的裸岩环境融为一体

世界著名动物学家乔治·夏勒博士，研究青藏高原野生动物20多年，是第一个跟踪了解雪豹的科学家。他认为，三江源是全世界雪豹分布最集中的地方，雪豹是三江源的一个旗舰物种，雪豹的出现和存在昭示着这一区域生态系统仍然是一个健康

的状态。

　　雪豹在青藏高原的寒冷环境中演化出了适应高寒环境的一系列特征。雪豹的毛发是所有猫科动物中最厚最长的，冬季肚子上的毛可以长至 12 厘米，可以有效抵御严寒，烟灰色或奶黄色装饰着较为稀疏豹纹的毛色，与岩石上的地衣特征极其相似，使其能够很好地与周围的裸岩环境融为一体。

　　圆形（而非扁平）的犬齿可以从各个方向发力，帮助它们在陡峭的悬崖上捕食猎物；可以张开到 70 度以上的上下颌骨帮助它们咬住岩羊、北山羊等山地有蹄类的粗脖颈；肌肉和骨骼的构造帮助它在陡峭的地形中加速、转身、跳跃与从高空跳落；与身体等长的尾巴帮助其平衡。

雪豹脚印　徐健摄

2. 速度 60 迈的"熊瞎子"

　　西藏棕熊主要栖息在山区的森林带，食性较杂，主要以翻掘洞穴的方法捕食鼠兔和旱獭，也食没有腐烂的动物尸体。在冬眠时，体温下降、新陈代谢减缓，以减少热量消耗。奔跑时速度可达 56 千米/时。冬眠期间产崽，每胎 1~2 崽。分布于中国的青藏高原，甘肃，

西藏棕熊　切嘎摄

新疆等地。

　　成年之后最大的西藏棕熊体长可以达到 2.1 米，体重能够超过 400 千克。如此庞然大物，若是把雪豹放在它们面前的话，简直就像是一只可爱的小猫咪。

3. 狼图腾

　　藏狼体长 100~120 厘米，肩高 68~76 厘米，重量 35~45 千克。毛发浓密，身体黄褐色，背部黑色与灰色混杂，喉颈、胸部、腹部和腿是白色的，皮毛颜色随季节变化。

　　藏狼适应性强，栖息于山地、森林、草原、荒漠等多种生境。集小群活动，通常每群 4~8 只个体，偶尔可见 20~30 只的大群。狼群有相对稳定的领域范围，群内具有严格的等级制度。善于长途奔跑，耐力强韧，群体协作捕猎，以大中型食草动物为主要猎物，同时也捕食高原兔、旱獭等小型猎物。春季 5~6 月产崽，每胎 3~6 崽。

　　广泛分布于区内的开阔草原、草甸与荒漠，但密度较低。除了受到人类捕杀的威胁，纯种的狼还受到与其他犬科动物（如家狗）杂交而带入外来基因的威胁。

藏狼　李友崇摄

154

　　青藏高原鸟类特有种共计有 60 种，占青藏高原鸟类种数的 55.75%，占中国特有鸟类种数的 60%，从居留型上看，绝大部分为留鸟，有 57 种，约占青藏高原特有鸟类的 95%，仅有 3 种为国内部分地区候鸟，仅占 5%。

纵纹腹小鸮　彭建生摄

　　青海的鸟类种类无比丰富，令人大开眼界。它们中有严格实行着一夫一妻制的痴情鸟黑颈鹤、大天鹅等，还有可以飞越珠穆朗玛峰、号称世界上飞得最高的鸟类斑头雁，以及被称为猛禽之王的金雕。

白鹭　李友崇摄

①世界上唯一生活在高原的鹤——黑颈鹤

黑颈鹤，青海省的省鸟，属鹤形目、鹤科，是一种大型涉禽，而且是世界上唯一的一种生长、繁衍在高原的鹤类，为我国所特有的珍贵鸟类。栖息于海拔2500~5000米的高原沼泽地、湖泊及河滩地带，主要以植物叶、根茎、荆三棱、块茎、水藻、玉米、沙砾为食。繁殖于拉达克，中国西藏、青海、甘肃和四川北部一带，越冬于印度东北部，中国西藏南部、贵州、云南等地。

伴随着生态持续向好，位于长江源头的隆宝、嘉塘、班德湖等地，"国宝"黑颈鹤种群数量稳步增加。根据现有物种分布密度保守估计，三江源地区黑颈鹤数量超1500只。

位于三江源腹地的玉树藏族自治州嘉塘草原成了黑颈鹤新的栖息地。据当地生态管护员观察统计，2019年4月以来，每天平均有230只黑颈鹤聚集在嘉塘草原，4月4日在3处观测点统计共发现320余只黑颈鹤。①

黑颈鹤　李友崇摄

---

① 作者：赵俊杰，来源：西海都市报。

②一生仅有一个伴侣——大天鹅

大天鹅是一种痴情的鸟类，和它一样痴情的鸟类还有黑颈鹤、犀鸟、海鸥等，也是一夫一妻制，大天鹅姿态优美，总是出双入对。如果其中一只去世，另一只有的绝食殉情，有的撞墙自尽，有的甚至飞向高处，突然快速冲向湖水之中，跳水而死。

大天鹅是一种候鸟，栖息于开阔的、水生植物繁茂的浅水水域。大天鹅是世界上飞得最高的鸟类之一（能和它比高的还有高山兀鹫），最高飞行高度可达9000米以上，为国家二级保护动物。冬季分布于我国长江流域及附近湖泊；春季迁经华北、新疆、内蒙古而到黑龙江、蒙古及西伯利亚等地繁殖。

大天鹅　李友崇摄

小天鹅是大天鹅的宝宝吗？

我国有大天鹅、小天鹅和疣鼻天鹅 3 种天鹅，都被列为国家二级保护动物。小天鹅与大天鹅在体形上非常相似，都有着长长的脖颈、洁白的羽毛、黑色的蹼。小天鹅和大天鹅的主要区别是：小天鹅的体形较大，大天鹅稍小，同时，颈部比大天鹅短；小天鹅嘴基黄色没有到鼻孔，而大天鹅嘴基黄色延伸到鼻孔前边；小天鹅的叫声虽也清脆，但没有大天鹅响亮。疣鼻天鹅也有一身洁白的羽毛，它前额有一块瘤疣的突起，因此得名。疣鼻天鹅很少发出叫声，故又得名"无声天鹅"。

③高傲的猛禽之王——金雕

金雕在众多的昼行性猛禽中最具有代表性。它有着高傲的品性和强壮而巨大的翅膀，锐利的目光，宛如匕首般足以致命的利爪，处处都显示着它的强壮且极具威慑力，因而确立了它的猛禽之王的宝位。金雕属于鹰科，是北半球上一种广为人知的猛禽。金雕成鸟的翼展平均超过 2.3 米，体长则可达 1 米，其腿爪上全部都有羽毛覆盖着。栖息于高山草原、荒漠、河谷和森林地带，冬季亦常到山地丘陵和山脚平原地带活动，最高海拔可到 4000 米以上。它捕食的猎物有数十种，如雁鸭类、雉类、松鼠、野兔等。

金雕 图登华旦摄

④青海常见的猛禽——大鵟

在青藏高原的高寒荒漠至高寒草甸地带，最为常见的猛禽是大鵟。大鵟飞行技术高超，身体强健有力，甚至能捕捉野兔及雪鸡，平日主要以啮齿动物、蛙、蜥蜴、蛇等为食。大鵟捕蛇的技术堪称一绝，用脚抓获蛇后迅速飞到空中，然后将蛇跌落，如此反复直到蛇失去了反抗的能力，整个过程干净利落，又不会被蛇咬伤。尽管大鵟偏好在开阔地觅食栖息，也经常停

大鵟 吴成友摄

落在地面，但是它们都需要在较高的岩石峭壁上筑巢繁殖。巢主要由树枝构成，里面垫有干草、兽毛、羽毛等柔软物，可多年利用，但每年都要进行修补维护，而且往往巢越修越大。大鵟每窝产卵通常 2 枚到 5 枚，孵化期大约 30 天。雏鸟孵出后由亲鸟共同抚育大约一个半月，就可以离巢飞翔了。大鵟是世界濒危物种，被列入濒危野生动植物种国际贸易公约（CITES）名录，也是中国国家二级保护动物。

⑤可飞越珠穆朗玛峰的鸟——斑头雁

斑头雁是中型雁类，体长 62～85 厘米，体重 2～3 千克。繁殖在高原湖泊，尤喜咸水湖，也选择淡水湖和开阔而多沼泽地带。越冬在低地湖泊、河流和沼泽地。性喜集群，繁殖期、越冬期和迁徙季节，均成群活动。分布于中亚、克什米尔及蒙古，越冬在印度、巴基斯坦、缅甸和中国云南、青海等地。斑头雁的飞越路线是翻越喜马拉雅山的，所以被称作飞得最高的鸟。

斑头雁 吴成友摄

斑头雁 吴成友摄

⑥高原"清洁工"——高山兀鹫

高山兀鹫　吴成友摄

高山兀鹫　吴成友摄

大型猛禽，体长108～120厘米，通体黑褐色，头裸出，仅被有短的黑褐色绒羽，后颈完全裸出无羽，颈基部被有长的黑色或淡褐白色羽簇形成的皱翎。

这些拥有巨大翅膀、弯曲的脖子、略秃的头顶的大鸟是高原上著名的神鸟——高山兀鹫。

高山兀鹫主要以大型动物的尸体和其他腐烂动物为食，常在开阔而较裸露的山地和平原上空翱翔，窥视动物尸体。它们一旦发现腐尸便会蜂拥而上，一扫而光。兀鹫既是大自然的清道夫：它们会把尸体上的肉吃得干干净净只剩白骨，帮助人类净化了环境；又是细菌的终结者：它们能消灭尸体上的细菌，吸收炭疽病毒阻止病毒的传播与扩散，从而使大量的家畜和动物远离死亡和疾病。由于没有肉食性动物那样尖利的牙齿，高山兀鹫通常会把食物连皮带骨一起吞下，消化一段时间之后，再将无法消化的毛发、骨头等吐出来。这些被吐在巢穴附近的"食丸"，也成为了解它们食物组成的好线索。

秃鹫与天葬？

天葬是藏族的一种传统丧葬方式，人死后把尸体拿到指定的地点让秃鹫（或者其他的鸟类、兽类等）吞食。天葬的核心是灵魂不灭和轮回往复，死亡只是不灭的灵魂与陈旧的躯体的分离，是异次空间的不同转化，青藏人推崇天葬，认为拿"皮囊"来喂食秃鹫，是最尊贵的布施，体现了大乘佛教波罗蜜的最高境界——舍身布施。

秃鹫 吴成友摄

⑦三江源地区的珍稀濒危特有鸟类优先保护热点区域

三江源地区珍稀濒危特有鸟类优先保护热点区域：

三江源腹地的鸟类主要分布在玉树县、昌都县和囊谦县等地区，特别是分布在岷山腹地小蒿草草甸、水母雪莲、凤毛菊稀疏植被、金露梅灌丛、头花杜鹃灌丛、毛枝山居柳灌丛等植被类型的斑块，由于三江源腹地境内河网密布，水源充裕，环境适宜野生动植物尤其是鸟类栖息。

青藏地区包含 17 种珍稀濒危特有鸟类。

其中国家级保护鸟类有 8 种：斑尾榛鸡、藏雪鸡、鹗、胡兀鹫、绿尾虹雉、秃鹫、血雉、玉带海雕；

IUCN 名录鸟类有 2 种：绿尾虹雉、玉带海雕；

特有鸟类有 11 种：白眉山雀、白腰雪雀、斑尾榛鸡、藏鹀、橙翅噪鹛、凤头雀莺、绿尾虹雉、曙红朱雀、四川雉鹑、血雉、棕背黑头鸫。

鹗 图登华旦摄

161

胡兀鹫　索南摄

藏雪鸡　闹布·文德摄

血雉　雅格多杰摄

绿尾虹雉　李玉山

斑尾榛鸡　李玉山摄

玉带海雕　同海元摄

4 水不在深，有"鱼"则灵

①一天到晚游泳的鱼呀，鱼不停游

2005—2012年在三江源园区进行了鱼类初步调查，土著鱼类有3目5科17属44种，其中鲑形目1科1属1种，鲤形目2科5亚科13属39种，鲇形目2科3属4种。三江源区保护和濒危的鱼类有21种，国家级保护种1种，省级保护种12种，濒危鱼类有21种。在三江干流水域，渔业资源总体呈下降、个体趋小的趋势，局部人类活动干扰的水域鱼类生存状况较好。

根据中国濒危动物红皮书和中国物种红色名录，共收录了16种鱼类，占三江源土著鱼类的36.4%。其中濒危物种等级的有9种：川陕哲罗鲑、长丝裂腹鱼、澜沧裂腹鱼、厚唇裸重唇鱼、青海湖裸鲤、兰州鲇、黄石爬鳅、细尾鳅、中华鳅。①

川陕哲罗鲑，分布于长江上游岷江水系和汉江上游。在青海仅分布于班玛县玛柯河。体形修长，最大者体长可达2米左右。口腔内上、下颌均排列有尖锐的利齿，背部生有肉鳍。是一种冷水性鱼类，通常栖息于水质清澈、水温较低的水域中。主要以各种鱼类和水中其他动物的腐肉为食。喜欢捕食大型水生昆虫、鱼类、两栖动物、水鸟和水生兽类等。

川陕哲罗鲑　简生龙，李柯懋摄

长丝裂腹鱼，分布于我国金沙江和雅砻江上游，青海主要分于玉树通天河和结古河。体延长，稍侧扁，吻略圆钝。口下位，近似一横裂；下唇完整，呈长条形或新月形，表面有乳突；唇后沟连续；下颌前缘具有锐利的角质。为冷水性鱼类，通常在清澈而水流较缓的水域

长丝裂腹鱼　简生龙，李柯懋摄

---

① 数据来源：李志强，王恒山，祁佳丽，马燕，聂学敏，鲁子豫. 三江鱼类现状与保护对策［J］.河北渔业，2013（08）：20-30，38.

活动，在繁殖季节集群并做短距离的生殖洄游。摄食植物性食料，锐利的下颌角质边缘在岩石上刮取食物，主要是着生藻类（硅藻、蓝藻、绿藻），有时也食水生昆虫。淡水生。

厚唇裸重唇鱼，分布于兰州以上黄河上游干支流湖泊水域。唇很发达，下唇左右叶在前方互相连接，后边未连接部分各自向内翻卷。以水生动物如石蛾幼虫、端足虾和石蝇的稚虫等为食，也食少量的植物碎屑。生殖季节为4—5月。

厚唇裸重唇　简生龙，李柯懋摄

黄石爬鮡，在青海省分布于玉树通天河和班玛玛柯河。为中小型底栖鱼类，常匍匐在河流砾石滩上生活，食水生昆虫及其幼虫。

黄石爬鮡　简生龙，李柯懋摄

裸腹叶须鱼，俗名花鱼。体背灰褐色，分布有均匀、不规则的小斑点，腹部灰白，头上部及背、胸、尾鳍具有多数斑点。具有春季上溯，秋季下游的生活习性。分布于金沙江水系和怒江、澜沧江。濒危等级：易危。

裸腹叶须鱼　雷波摄

小眼高原鳅，为鳅科高原鳅属的一种鱼类。分布于西藏的象泉河、狮泉河、羌臣摩河、昂拉仁错、吉隆河和波曲河等地。作为青藏高原特有而广泛分布的生物物种，在复杂的青藏高原鱼类区系

小眼高原鳅　雷波摄

与水系构成的地理单元中占有重要地位。

澜沧裂腹鱼，体延长，侧扁。口下位。下颌外侧无角质部分，前缘不锐利。须2对。

身体背部蓝灰色或褐色，腹面银白色。为高原山区冷水性鱼类。以底栖水生动物和水生昆虫为主食，亦食硅藻和植物碎片。自然条件下，生活于澜沧江等水系，栖息环境多为水流湍急、砂砾底质。

细尾鲱，常栖息于水流较急的岸边多石的场所，分布于澜沧江上游水系。

中华鲱，在国内分布有武都到玉树的长江山溪，云南金沙江，四川大渡河，甘肃白龙江。

②不问生死，只管逆流而上

青海湖裸鲤，又称"湟鱼"。人们说"青海湖中有两宝，一是湟鱼，二是鸟"。湟鱼是青海湖独有的鱼类。"水中绕有鱼类，色黄无鳞……"这是关于湟鱼的最早记载，见于清朝乾隆年间的《西宁府新志》中。无鳞的特征为它赢得了"青海湖裸鲤"的学名。仅分布于中国青海湖及其湖周支流，为高原低温盐碱性水域经济鱼类。喜栖息于滩边、大石堆间流水缓慢处、深潭或岩缝中。适应性强，在半

青海湖裸鲤（湟鱼）毕安社摄

咸水（青海湖水含盐量12‰～13‰）或淡水中均可生活。杂食性，主要摄食藻类、轮虫、甲壳类、水生昆虫和小鱼。幼鱼主要摄食动物性饵料。成鱼在产卵洄游时仍摄食，但摄食量下降。

湍流复杂的河道、万千伺机捕食的鸟类……使青海湖湟鱼的洄游之路着实艰辛。逆水行舟，不进则退，湟鱼的洄游之路同样逆流而上，生死未卜。这是生存之道，也是自然法则。

湟鱼之所以要洄游，是因为高盐度、高碱性的青海湖湖水对它们的性腺发育、成熟是致命的。只有逆流而上，在上溯河流的过程中，湟鱼的性腺才会逐渐发育、成熟。于是，它们相约成群结队地溯流而上，在水流坦缓的淡水河道里产卵、生儿育女。上溯距离越远，鱼卵、鱼苗在淡水中孵化、生长的时间越长，幼鱼的成活率就越高。小鱼长成后，再返回青海湖。

产卵季节的河道里随便就能伸手抓到湟鱼，但在青海湖畔的这些小河溪流中，你看不到一个人去捕捞、打扰它们，更看不到有饭店里售卖湟鱼，保护湟鱼在青海已经开始成为大家的共识和行动。

洄游的青海湖裸鲤（湟鱼）许明远摄

四 人与生物多样性

1 人类是如何影响生物多样性的?

①殇!偿!

在这个世界上,几乎所有的奇花香草,珍禽异兽都绝难出现在众目睽睽之地、人烟稠密之处。三江源的奇峰之畔,寒泽之滨成了野生动植物重要的庇护所。而随着古地理环境历史演变和现代人类的贪婪索取,有些高原生灵即将销声匿迹……

三江源区动物列入 IUCN 濒危物种红色名录濒危(Endangered,EN)等级物种4种:豺、林麝、高山麝、柯氏鼠兔;易危(Vulnerable,VU)有6种:猪獾、金钱豹、雪豹、荒漠猫、白唇鹿、野牦牛;近危(Near Threateded,NT)8种:小麝鼩、香鼬、水獭、兔狲、藏羚羊、藏原羚、阿尔泰盘羊、中华鬣羚。

濒危(Endangered,EN)

豺
豺既能抗寒,也能耐热,以南方有林的山地、丘陵为其主要的栖息地。自然环境受到破坏,失去了栖息和隐蔽条件,各类被食的野生动物数量日渐减少,捕食困难。

高山麝 班玛摄
栖息于高山林缘及稀疏灌丛、草甸地带。仅于滇西北高山地带有分布。

柯氏鼠兔　吴成友摄
以第一发现人俄国军官柯兹洛夫的名字命名的，在中国主要分布在东昆仑山一带。是现有二十余种鼠兔中最古老的遗留种。

林麝　雅格多杰摄
胆小怯懦、性情孤独，能轻快敏捷地在险峻的悬崖峭壁上行走，雄性林麝有能分泌麝香的麝香腺，是配制高级香水、香精的定香剂。

易危（Vulnerable,VU）

猪獾　鲍永清摄　　　　　　金钱豹　　　　　　　　雪豹　山水自然保护中心提供

荒漠猫　图登华旦摄　　　　白唇鹿　索南摄　　　　　野牦牛　曹生渊摄

近危（Near Threateded,NT）

小麝鼩

香鼬 李友崇摄

兔狲 董磊摄

水獭 索南摄

藏羚羊 皮国青摄

藏原羚 吴成友摄

藏阿尔泰盘羊 索南摄

中华鬣羚 杨东摄

人类活动有时会对食物链产生巨大的影响，从而对生态系统产生影响。例如，人们通过打猎去除了顶级肉食动物，会造成食物网中等级较低的动物物种数量增多，从而使植物数量大幅降低，从此等级之间恶性循环，对生物物种多样性和食物网的稳定性造成致命打击。食物网中的其中一级数量降低或灭绝，会打破生态平衡，那么如果数量增多或者引入新的物种，又会发生什么呢?

②放生就是行善吗?

青海省玉树藏族自治州政府 2019 年 1 月发布通告明确说明，自 2019 年 1 月 1 日起，永久性禁止一切个人或团体在该州境内的长江、黄河、澜沧江干流、支流及湖泊、水库等公共水域，放生从外地引进的鱼种、苗种等活体水生生物品种。近年来，个别牧民及游客在三江源水域随意放生鲤鱼、鲫鱼等外来鱼种，对当地生态安全造成威胁。

人类引入生态系统中所没有的新物种有时能产生破坏性的影响，因为新生物种会与当地土著生物争夺生存空间、饵料，争夺生态位，并且传播疾病，与土著生物杂交导致遗传污染，降低土著生物的生存能力，导致土著生物自然群体降低，甚至濒于灭绝。

　　青海省渔业环境监测站 2001—2014 年持续 14 年对青海省主要水体中外来鱼类进行系统调查，共采集到外来鱼类 30 种，已建群外来鱼类 16 种。其中，黄河水系拥有的外来鱼类最多，共 26 种；长江上游结古河与长江干流交汇处采集到了 4 种外来鱼类，是目前记录的长江上游首次采集到外来鱼类的水域。可鲁克湖是青海的重要渔业生产基地之一，调查到外来鱼类 12 种，是内陆水系外来鱼类最多的水域。截至2013 年，全省记录外来鱼类 36 种，已远超土著鱼类物种数 (50 种及亚种) 的一半。

③生物富集，循环往复

　　在破坏生物多样性的做法中，对环境的污染不得不提，看似间接，实则毒性级级累积。污染能对大气产生长期影响，这使非生物因素产生了变化，例如温度和降水量，而这又对食物链中活的生物体产生了重要的影响。一些污染物，例如杀虫剂等，能通过减少群体数量直接影响生物体。

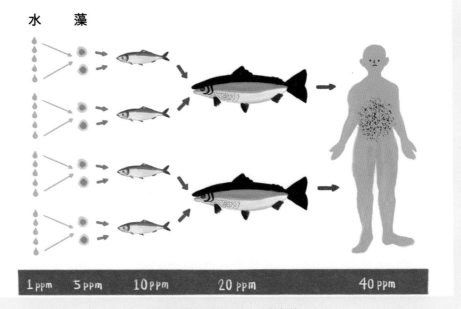

环境中毒性物质的累积　王婷钰绘

一些污染物，例如水体的污染、塑料污染等，直接通过植物气孔被植物吸收，间接地影响到了下一级的消费者，以至于也危害到人类的身体健康。污染物就是通过一级一级的食物链进行传播的，其中包括了人直接食用植物后对身体的伤害。保护环境和生物多样性就是保护我们人类自己！

2 人与天地的默契

三江源地区保护生物多样性的措施：

①设立自然保护区

青海可可西里国家级自然保护区位于青海省玉树藏族自治州西部，总面积450万公顷。是21世纪初世界上原始生态环境保存较好的自然保护区，也是中国建成的面积最大、海拔最高、野生动物资源最为丰富的自然保护区之一。

可可西里自然保护区标志

青海可可西里国家级自然保护区主要是保护藏羚羊、野牦牛、藏野驴、藏原羚等珍稀野生动物、植物及其栖息环境。2014年11月，青海可可西里申报世界自然遗产工作启动。

2017年7月7日13时，在波兰克拉科夫举行的第41届世界遗产大会上，青海可可西里经世界遗产委员会一致同意，获准列入《世界遗产名录》，成为中国第51处世界遗产。

2017年11月，青海可可西里、新疆阿尔金山和西藏羌塘国家级自然保护区联合发布公告，禁止一切单位或个人随意进入保护区开展非法穿越活动。

②建立有针对性的、有可操作性的法律法规和行业政策

野牦牛保护官网，包含对牦牛的科普教育和保护政策等内容：

http://www.forestry.gov.cn/dw/wild_yak.html

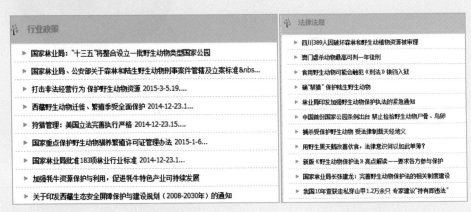

③成立保护组织机构

雪豹保护网络是一个由科研、民间机构共同参与组建的中国雪豹保护联盟，希望通过网站、月度报告等为载体，以线上交流和线下培训、论坛、小额赠款等为主要方式，搭建中国雪豹研究与保护的沟通交流平台，推动中国雪豹研究和保护事业的发展。

主要目标是：①确认雪豹在青海省的关键栖息地；②了解在青海省的关键栖息地内雪豹及其主要猎物的种群相对多度；③在青海建立起雪豹及其伴生野生动物的监测网络。

得益于当地政府和民众在生态保护方面的持续努力，三江源地区已被全球学界公认为世界雪豹分布最密集的区域之一。

雪豹保护官方网站网址：http：//www.snowleopardchina.org/intro.php

雪豹保护官方网站

④先进技术手段治理和保护

三年期 10 次的三江源生物多样性科考并建立长期数据监测

从 2012 年 8 月启动的为期三年共 10 次的三江源生物多样性快速科学考察（生物多样性快速评估"Rapid Assessment Program"，简称"RAP"），通过生物多样性科学本底调查可以补充现有资料的空间、时间和数量上的空缺；通过物种分布图的制作可以将现有的以位置点为主的资料通过插值的方式扩展到整个区域；并对气候变化背景下生物分布区的移动方向进行预测和估计；综合生物多样性分布图，可以勾绘出生物多样性保护的重要区域和一般区域，并预测出气候变化情景下需要预留的区域等。

2012年的科学考察分冬夏两季开展，8月的夏季科考主要在玉树县、治多县、曲麻莱县的三江源保护区核心区域开展，主要针对草地、小型兽类、食草类动物，例如岩羊。

⑤科学治理——人鼠大战

30种鼠兔中，有28种都生活在欧亚大陆，特别是在中国中西部至喜马拉雅地区——24种生活在中国，其中又有12种为中国特有。但是在国内被长期当作"草原害鼠"而被扑杀。

人鼠大战

三江源人鼠大战已持续约半个世纪，耗资巨大，鼠患却难绝。然而在学界，

柯氏鼠兔　吴成友摄

这种被视为"草原害兽"的高原鼠兔，其实是高寒生态系统的关键一环，不应人为地灭杀。

从 20 世纪 60 年代开始，草场退化逐渐成为整个青藏高原的重要问题。1970 年到 2004 年期间，三江源地区发生退化的草地面积占草地总面积的 40.1%。

在归咎于家畜过多、草原超载过牧之外，当地小型掘洞哺乳类种群大量爆发也被认为是草场退化的罪魁祸首之一。其中，这种体型接近鼠类而实际属于兔形目的高原鼠兔，被认为是与牛羊争夺草料、挖掘洞穴而加速土壤侵蚀的主要"草原害兽"。

1960 年，大规模的毒杀行动开始铺开。5 年后，青海省有 20 个县约 20 万平方千米实施了毒杀鼠兔的行动。

为鼠兔正名

国内外相关学者通过对比实验论证：毒灭鼠兔的区域相对未灭鼠兔的区域，草场生物量并未得到显著提高；在草场质量好的地区，由于草长得高，不利于鼠兔发现捕食者，鼠兔的存活率显著下降。所以说，草场退化不是由鼠兔的数量直接决定的。

鼠兔作为青藏高原上食肉兽和猛兽的主要食物，对于维持生态系统的稳定性与完整性有着重要作用。调查显示，毒杀鼠兔的区域不但会使以鼠兔为生的兽类分布密度降低，连许多原本依靠鼠兔洞作为生存栖息地的鸟类数量也大为减少。

⑥可可西里志愿者的故事

面对保护区面积大、保护人员紧缺的状况，同时为了在青藏铁路建设期间让更多的人了解可可西里生态和藏羚羊等野生动物保护，青海可可西里国家级自然保护区管理局（以下简称"管理局"），自 2002 年开始，从全国各地招募热心环保的人士，开展环保志愿者活动。

"一个月吃了一辈子的药"

在自然条件异常恶劣的可可西里，很多志愿者对这样的环境难以适应。管理局为保证志愿者的安全，对严重高原不适的人都要劝回原籍。志愿者们为了不使自己被送回去，默默忍受着痛苦，白天强忍着高原反应和大家一起工作，夜晚藏在被窝里偷偷吃药。北京志愿者李清在一个月的活动结束后才"道破天机"："这一个月把一辈子的药都吃了。"

⑦自然保护不是高山之上的诗和远方，是每一个老百姓的柴米油盐

棕熊是三江源地区非常常见的一种大型食肉动物，但对于当地人来说，很多人都有过房子被棕熊扒了进去找食物的经历，他们的门、窗以及家具都会被砸得稀巴烂。老乡会开玩笑说，这个房子冬天我住，夏天就归了棕熊。但与此

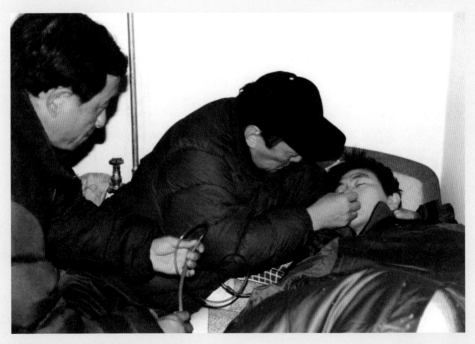

管理局领导关心照顾高原反应的志愿者

志愿者离开可可西里时难舍难分的场景

同时他们也会表达一些隐忧："棕熊有人保护，谁来保护我们？"。

雪豹也经常给牧民惹麻烦，因为雪豹是吃肉的，牧民的牦牛就在它生活的地方，所以它有时候会猎杀牦牛。一年的时间有二百多头牦牛被雪豹等野生动物吃掉，而每一头的市场价值是几千块。

当在三江源地区讨论自然保护的时候，人兽冲突是不可忽视的议题。当地居民和保护工作人员进行各种协调工作，从调查、写方案、筹款、试点到推广。其中一项是"雪豹吃肉我买单"的众筹，希望赔给当地老百姓牦牛损失的钱。

保护工作人员和当地牧民一起设计了审核表，可以记录并且判断这头牛究竟是不是被野生动物吃掉的。而在这个过程中也可以收集到更多的信息，将来可以规避那些高风险的放牧地区或者想各种各样的办法提高放牧的管理水平。

除此之外，工作人员希望在解决冲突之外，能够通过自然保护给当地人带来一些收入。自然体验项目邀请外边的人住到牧民的家里，牧民作为向导带领他们去看野生动物，了解牧区文化，等等。

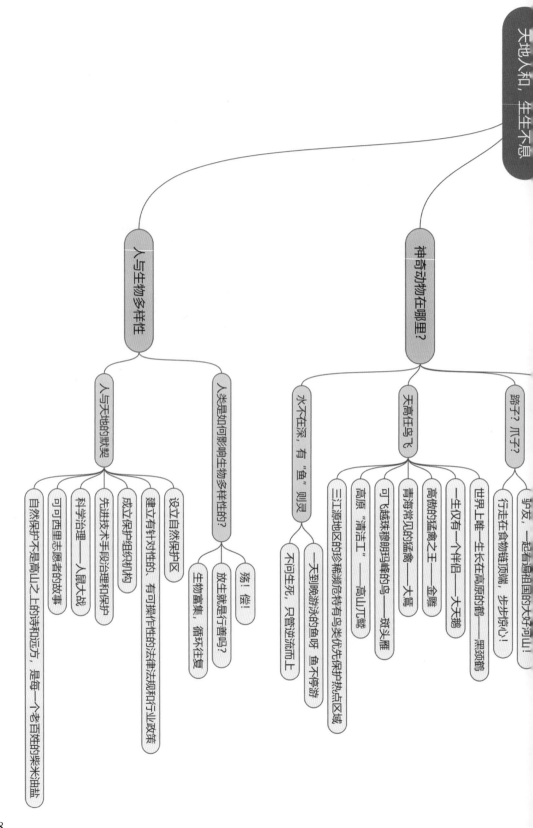

天地人和，生生不息

神奇动物在哪里？

蹄子？爪子？
- 驴友，一起看看祖国的大好河山！
- 行走在食物链顶端，步步惊心！

天高任鸟飞
- 世界上唯一一生长在高原的鹤——黑颈鹤
- 一生仅有一个伴侣——大天鹅
- 高傲的猛禽之王——金雕
- 青海常见的猛禽
- 可飞越珠朗玛峰的鸟——斑头雁
- 高原"清洁工"——高山兀鹫
- 三江源地区的珍稀濒危特有鱼类优先保护热点区域

水不在深，有"鱼"则灵
- 一天到晚游泳的鱼呀 鱼不停游
- 不问生死，只管逆流而上

人与生物多样性

人类是如何影响生物多样性的？
- 殇！偿！
- 放生就是行善吗？
- 生物富集，循环往复

人与天地的默契
- 设立自然保护区
- 建立有针对性的、有可操作性的法律法规和行业政策
- 成立保护组织机构
- 先进技术手段治理和保护
- 科学治理——人鼠大战
- 可可西里志愿者的故事
- 自然保护不是高高山之上的诗和远方，是每一个老百姓的柴米油盐

178

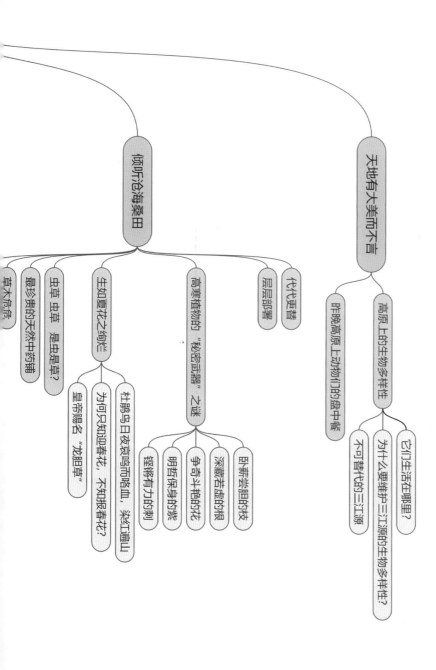

天地有大美而不言

　　昨晚高原上动物们的盘中餐

　　高原上的生物多样性

　　　　它们生活在哪里？

　　　　为什么要维护三江源的生物多样性？

　　　　不可替代的三江源

倾听沧海桑田

　　草木点点，

　　最珍贵的天然中药铺

　　虫草虫草，是虫还是草？

　　生如夏花之绚烂

　　　　杜鹃鸟日夜哀鸣而咯血，染红遍山

　　　　为何只知迎春花，不知报春花？

　　　　皇帝赐名"龙胆草"

　　高寒植物的"秘密武器"之谜

　　　　卧薪尝胆的枝

　　　　深藏若虚的根

　　　　明哲保身的紫

　　　　争奇斗艳的花

　　　　锃锃有力的刺

　　层层部署

　　代代更替

第六章

千古江源　文化秘境

文化或文明是一个复杂的整体，它包括知识、信仰、艺术、道德、法律、风俗以及作为社会成员的人所具有的其他一切能力和习惯。

——英国文化人类学家泰勒

文化是组织性的知识体系和信仰体系，一个社群借着这种体系来建构他们的经验和知觉，约束他们的行为，决定他们的选择。

——地理学家段义孚

你认为什么是文化？三江源地区又有哪些文化呢？

20 世纪 50 年代至 90 年代，考古工作者先后在格尔木河上游、沱沱河沿岸、可可西里采集到了一批石器，经 C^{14} 测定它们距今约 3 万年，说明至少在 3 万年前，三江源地区就有人类在活动。

三江源是灿烂的中华文明源头之一，是中外交通的十字路口。这里保留了很多原始的民俗文化，也体现着文化的交流；独特的地理位置使得探源文化尤其重要，优美但又严酷的自然环境促使当地人民树立了严格的生态文化观。无论是三江源国家公园还是离源头有一定距离的热贡地区、河湟谷地，文化在其中的传播使得三江源文化在历史长河中更加多元、更加灿烂。

前情提要：桑姆的邀请函

To: 来三江源的朋友

　　你好！我是住在三江源的桑姆，

是三江源国家公园的志愿者。非常欢

迎你们的到来！作为土生土长的藏族

人，我了解这里的文化，也非常乐意

向你们讲述三江源的文化。我将带你

去往7个地方，并在这一路感受三江

源的文化。

你的朋友：桑姆

一 桑姆家中文化多

建筑艺术

服饰艺术

饮食文化

彩绘艺术——唐卡

1 藏式碉楼帐篷起

你好，我就是桑姆！请先让我为你献上雪白的哈达！

欢迎你来我家！我家是三层的藏式碉房，因为条件的改善、民族文化的传播，也融入了一些汉族风，但其内外的结构仍保留了藏族特色。

而现今的一切都是从草原上简陋的帐篷演变来的。

石砌碉房　付洛摄

①石砌碉房

这样的房屋被称为石砌碉房。经典的碉房往往修建在峡谷、山包或是陡峭的山坡上。碉房的石墙上窄下宽，呈坡状，整体来看就是长方形的平顶建筑。除少数为三层外，一般为两层，但现在建成三层碉楼的也越来越多。为了藏民们住得习惯，会对建筑有一些硬性要求。

石砌碉房外观图

顶层：纳凉、瞭望、晾晒东西；

三层：除堆放粮食及家具外，专辟一室供佛；

二层：用于居住，会客；

一层：多用于堆放皮张、牛粪、柴草、圈养牲畜等；

内墙：多糊有泥巴，门框、门板有彩饰。

石砌碉房外观图　刘英绘

石砌碉房内里乾坤图

01：仓库1(泽孔)

02：牛粪房(角孔)

03：厨房(加孔)

04：客厅(然色)

05：堂屋(帮强)

06：卧室(尼孔)

07：佛堂(切孔)

08：仓库2(泽孔)

09：通风廊/阳台

10：卫生间(从墙上伸出，由延长支架支撑)

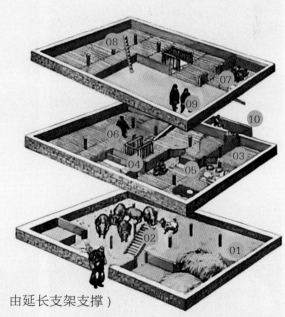

②其他建筑

作为一切建筑基础的单调的**牛毛帐篷**，藏语称"巴"，原料是用牛毛捻成粗线再制成的牛毛褐（粗布），由一片片牛毛褐缝制而成。不仅质料结实，而且遮雨防寒。往往用两根粗柱子、一根梁、粗毛绳和木橛子就能够搭建好。帐篷大小一般为50平方米，中间会建用来采光和出烟的天窗窗帘，帐篷门口则修建长方形的"塔尕"（意为灶台）。

逐渐开始关注外观的建筑是美丽的**白布帐篷**，藏语称"加日打勒"。经济条件较好的牧民还缝有彩帐，在节庆集会和野游时有专用的彩帐。彩帐的制作很有讲究，六角或八角彩帐的帐壁镶有各种藏式图案，其中八宝图居多，帐檐有由各式彩绸装饰出的条纹，引绳多为牛毛绳，绳中间有用牛羊毛制成的红色球形装饰物。

牛毛帐篷　闹布·文德摄

白布帐篷　切嘎摄

彩帐　闹布·文德摄

186

　　而逐渐趋于稳定生活的藏民们开始建造独特的**土木结构住房**，还不忘在屋顶的侧面和左面周边、窗户上方设"保勒和尕村"，这是玉树县藏族建房的独特风格。"保勒"指从房檐前伸出的约 40 厘米的正方形檐头，檐头为白色，檐身为红色或黑绿色。"尕村"指檐头间长约 25 厘米的隔板，每块隔板还会装饰上不同的颜色。

　　　新中国成立后，在党和当地政府的关怀下牧民们的住房得到很大改善。特别是从 20 世纪 90 年代开始实施的"四配套"防灾基地建设和退牧还草工程以来，许多牧民都实现了定居。2005 年，群众定居率达到了 95% 以上，且房屋由最初的土木结构逐渐变为土石结构和砖混结构。

2 人靠衣装：从头到脚的藏服标配

　　每个民族都有自己的特色服装，藏族也不例外。除必不可缺的藏衫藏袍外，还有夏装"锦新"、皮衣"勒察"……更别说佩戴在手上、腰上的饰品了！

　　三江源的藏族服装与其他地区藏族有相似之处，但也有明显的地域差别，这表现在用料、色调、造型等方面。

藏帽

藏式帽多用狐皮、沙狐皮和羊羔皮为里料，布料、绸缎、锦缎、毛呢为面料，形式多样，美观大方。有冬春、夏秋季专用帽子。

狐皮帽称"哇夏"，沙狐帽称"百夏"，羊羔皮帽称"察夏"。

王茂青绘

藏衫

藏族男女里面穿的衬衫，都是高领、有衽、大斜襟，且领口、襟边、袖口有边锦，绣有花边或图案。其中男子藏衫多为白色，女子藏衫则更丰富，有各种彩色。

藏袍

藏袍有冬装、夏装，常服、礼服之分。常服用布料、氆氇即可，礼服则要用毛呢、绸缎、锦缎等更精细的料子来缝制，并且还要用水獭皮和虎豹皮装饰。

氆氇是藏族人民手工生产的一种毛织品，可以做衣服、床毯等。

藏靴和藏裤

脚上穿的通称为"朗"，传统穿用的有"多觉"和"特藏"两种。多觉的面料、里料均为藏褐，单层、较薄；特藏为较厚材质缝制，有多层牛皮底，踝关节以下鞋面用自蹂自染的黑色牛皮革，靴尖翘上呈钩形，藏语称"朗那"。

藏式男裤多为大裤管，白色居多，塞在用藏褐或皮料做的高腰藏靴里，显得既传统又酷。

藏褐指藏族人民的粗布或粗布衣服。

藏靴　付洛摄

男子头上多蓄发梳辫子，发辫称为"当热"，再在辫上套1个或多个"巴苏太古"（象骨砸圈）。女子则辫上三四十条小辫，收拢的辫子再串上珠宝和彩色丝穗，戴上琥珀球、珊瑚和绿松石等。

藏族男子头饰
更尕次成摄

藏族女子头饰
许明远摄

男式耳环称"哇达"，戴左不戴右；女式耳坠称"多那"，两耳对称佩戴，无论什么材质样式都镶有玛瑙、绿松石等珠宝。

男女均戴戒指，藏语称"格雅"，多为马鞍形，有些中间镶珊瑚或其他珠宝。最普通的手镯"亮得"，为象牙骨、珊瑚、绿松石等串成的念珠等。

藏族项饰耳饰
瓦须·耿尼摄

项饰 项饰男女以"斯"（天珠）和"珍玛"（珊瑚）为主，配以绿松石、珍珠等其他珠宝。也有纯金项链等搭配，一串可以有30多颗珠宝。

腰饰方面，男性较为简单，女性腰饰多样且工艺复杂。男子以"武"为主题，用腰刀、弹带、火镰及权子枪等来显阳刚之气。

女子一定要佩戴腰饰，且十分考究，一般戴2～3条由镂花鎏金戴白银板或白铜板连缀而成的"恰查"，革质腰带则称为"高哇恰玛"，再配挂金银雕镂镶着珠宝的小佩刀、针匣、奶桶钩、银链、响铃串等。

藏族腰饰 许明远摄

其他民族衣不同

❶ 回族服饰 路生贵摄

❷ 蒙古族服饰 张秉礼摄

❸ 土族服饰 李得胜摄

3 丰盛的一餐

生活在高寒地区的人们，由于条件的艰苦，吃的东西往往不多。而为了更好地生活下去，三江源的人们也使出了浑身解数来创造美食。

如何尽享牦牛肉的美味

牦牛是地球之巅的半野生动物，独特且无污染。牦牛肉富含蛋白质和氨基酸，以及胡萝卜素、钙、磷等微量元素，脂肪含量较低，但热量高，是生活在三江源地区的人们最喜爱的肉类。

No.1 煮吃　推荐指数：★★
推荐理由：方式熟悉，煮肉的时间以沸腾时为最佳，可尝到熟而不烂、半生不熟的奇特感觉，味道鲜美，软嫩可口。

No.2 冻吃　推荐指数：★★★
推荐理由：方式新颖，一般吃冷冻两个月以上的冻肉，味道鲜嫩，拌佐料味更佳。

No.3 干吃　推荐指数：★★★★★
推荐理由：方式最流行且最普遍，牦牛肉历经风吹日晒变为更酥软的风干肉，味道最棒！

王茂青绘

随意凹造型的糌粑

糌粑为藏语音译，意为炒面，是将炒熟的青稞磨成粉状制成。粉状的糌粑加入酥油就能够被制作成各种造型的美食，揉成球、捏出洞或借助模具，好看方便又好吃。

捏出洞的糌粑　　　　揉成球的糌粑　　　　糌粑　　　　用模具制成的糌粑

你可以这样品尝糌粑

碗里放酥油

酥油化开后放糌粑和曲然

倒酸奶

搅拌成泥后食用

酥油和曲然不可缺

酥油是从牛羊奶中提炼出的奶油,是奶汁的精华。曲然是牛羊奶中分离出酥油后把剩余奶水熬干水分制成。

最爱的咸奶茶

藏民们多用富含热量的大茶和茯茶来熬奶茶。

用茶叶和饮用水加入少许盐直接熬煮后就饮用,这叫"刚加";如果再继续把茶叶熬煮至干为熟茶,就叫"加索"。

奶茶　更尕次成摄

酸得不得了的纯天然牦牛酸奶

藏民自制的酸奶,藏语称"肖"。上等的肖多用富含乳脂的牦牛奶制作而成,富含营养,味美、质纯、黏稠且无污染!

Tips

饮食时请注意!

长辈优先

给客人敬茶,双手端碗递送,忌单手

向对方递刀时,刀尖不能朝人,须将刀柄朝对方

吃饭时要注意食不满口,嚼不出声,喝不作响,杯碗勿倒扣

…………

什么是唐卡

唐卡是把各种佛像和图画画在布料上，然后用彩缎装裱而成的卷轴画，大小不同，一般在寺内的栋梁和墙壁上悬挂。作为绘画艺术的唐卡与佛教文化融为一体，直接传达和宣传了佛教教义。因表现手法、绘制时间、绘制大小不同，唐卡又分为不同的类型，如一年画出来的叫"罗唐"，画在墙壁上的叫"间唐"。

① 唐卡的起源

现在的唐卡基本上都是佛画，而在佛教诞生之前，藏族地区的本土宗教——苯教也有用兽皮画传教布道的习惯。苯教信众大都逐水草而居，流动性强，法师们都随身携带皮画，用时就在山岩上、帐篷里一挂，离开时一卷就走，十分方便。因此有人认为苯教皮画应该是唐卡的起源，它与佛教唐卡相比，除两教派的崇拜对象不一样，绘制技法基本相似。

② 唐卡的颜料

唐卡所用的颜料大都是不透明的矿物质，如石黄、石绿、石青、石朱砂、金、银等，也有少数植物质颜料，颜料里还必须调入动物胶和牛胆汁，以保持唐卡的色彩鲜明艳丽，经久不衰。

唐卡颜料　石占果摄

③唐卡的上品——热贡唐卡

"热贡"是藏语地名，代表地区包括距离三江源不远的青海同仁县，但不仅限于同仁。热贡地区人民闲暇的农耕生活以及与内地邻近、文化交流频繁等地理特点，促使了当地唐卡艺术的发展。

据统计，2012年同仁县总人口8万多，其中唐卡艺人3384名，热贡艺术从业人员约13000人，热贡文化企业95家。

④越来越自由的唐卡创作

唐卡的绘制有严格的要求，也有经典的绘制专著：《度量经》《如来佛身像度量如意宝》等。随时代变化，唐卡的题材不再局限于佛教，有如"门唐"（医药唐卡）、民俗风情画、以青藏铁路为主题的唐卡和多福寿星唐卡等。布达拉宫、罗布林卡等佛教圣地也存有猕猴变人、文成公主、五世达赖喇嘛进京觐见清顺治帝的间唐。

绘制唐卡　许明远摄

Tips

最长唐卡有多长？

《中国藏族文化艺术彩绘大观》是世界上最长的唐卡。全长618米、宽2.5米，上绘唐卡700多幅，整幅画卷有1500多平方米，重量达1000多千克，堆绣图案达3000多种。画卷由青、藏、甘、川、滇5个省区的400多位藏、土、蒙、汉族学者、画家、专家、画

最长唐卡

师历经数年,用藏族传统艺术绘画技法绘制。绘画表现了藏族的历史、文化、民俗等诸多内容,具有很高的艺术价值。现存于青海西宁中国藏医药文化博物馆。

二　大草原上节庆闹

1　热血沸腾赛马节

每年七八月份,三江源地区的气候逐渐温暖,各地陆续开展沿袭已久而规模不等的传统赛马节。隆重的开幕、丰富的项目构成了三江源的赛马节。

①以"煨桑"开场

赛马节以煨桑揭开帷幕,也就是燃烧柏枝,这种精神祭祀形式是藏族古老习俗的延续，起源于藏族原始苯教祭山仪式和吐蕃征战时代，每当迎战出征，都要以煨桑祈祷的形式祭祀"战神"和其他"神灵"，以保佑克敌制胜。

赛马节的煨桑

后来，这种古老习俗逐渐演变为如今民间赛马节的开场仪式。背负杈子枪、横刀立马的男性骑手遵循传统仪规围着煨桑台（顺时针）右转三圈。

②赛马节的重头戏

煨桑仪式结束后举行乘马射击、跑马悬体等马术表演。赛马节一般都会进行好几天，其间除赛马外还有歌舞表演、牦牛赛等传统文体活动，还会举行规模盛大的物资交流会。

③玉树赛马节

玉树赛马节继承弘扬民族传统优秀文化，往往展示独特别致的民族风情，上千顶五彩缤纷的帐篷组成"帐篷城"、康巴藏族潇洒漂亮的民族传统服饰和驰名中外的"玉树歌舞"构成玉树赛马节的三大景观。

赛马节盛况　江永文摄

赛马节马术秀

2 祛邪求福玛尼石

在我们去赛马草原的路上有很多像这样刻有经文图案的石头堆。它们叫作"玛尼石"（"嘛呢石"），在三江源地区随处可见。

切记，不要坐在刻有经文的玛尼石上。

藏族人把牢固不变的心形容为"如同石上刻的图纹"。于是他们在一块块普通石头上坚持地刻上经文、佛像或其他吉祥图案，并涂上各种颜色，这些石头就被称为玛尼石。他们相信这些石头会带来吉祥如意，能够祛邪求福。

"玛尼"来自梵文佛经《六字真言经》里"唵嘛呢叭咪哞"。玛尼堆也被称为

玛尼石堆　官群摄

嘉纳玛尼石经城　黄镜溢摄

"神堆"，藏语称"朵帮"，就是垒起来的石头，玛尼墙藏语称"绵当"。玛尼石组成的玛尼堆、石经墙，还作为"路标"或"地标"存在，为行人指示方向，行路者有时也会自发地把一块块玛尼石堆集起来。

位于青海玉树的嘉纳嘛呢石经城，有几十亿块玛尼石，是目前世界最大的玛尼堆。

3 隆重之重藏历年

> 一年到头，藏族最隆重的传统节日——藏历年就来了。沿袭了千年之久的新年，在不同藏区都大同小异，总归就是隆重。

①藏历 12 月中旬：第一轮准备

这时藏族人开始置办年货、制新衣、备酥油灯、做"切玛"（用炒面、酥油和白糖等制成的供品）、酿青稞酒等。还要用五色麦、酥油花来装饰切玛。

②藏历 29 日前：第二轮准备

不管男女老少都要理发；

清扫灶房，并用干面粉在墙壁上点画八瑞吉祥图，以祝吉祥如意、人寿年丰。

用灶房墙上或烟囱里清理的烟灰在自家门口路边上画九个黑圆点或"永周"字图案，以示辞旧迎新、禳灾保平安。

八瑞吉祥图：吉祥结、金轮、莲花、宝鱼、白海螺、雨伞、宝瓶、胜利幢

八瑞吉祥图

③藏历 29 日：古突夜

白天要在房顶插上簇新的经幡树；

家中的水、面、米全都要添加满；

晚上要吃"古突"（用大米、蕨麻等九种原料熬成的粥）。

古突："古"即九，这里指二十九，"突"即突巴，是一种面粥。

古突

藏族腊月二十九吃古突以示除旧迎新。突巴团可以包石子、辣椒、羊毛、木炭、硬币等，分别代表"心肠硬""刀子嘴""心肠软""黑心肠""发大财"。吃到这些东西的人要即时吐出，引众人大笑，增添除夕欢乐气氛。

④大年初一：今天很重要

背"晨星水"。在黎明时分，人们会在水桶上系哈达、贴酥油，再带上干净的柏香枝叶到河边虔诚祷祝，然后背回"晨星水"（藏语称"尕曲"，意为雪狮的纯净乳汁）。

孩子们燃放鞭炮，然后开始吃年饭，首先要吃一口用糌粑和酥油揉在一起的"才必"，吃油炸的面食卡塞，并诚心祈祷新的一年平安幸福，再象征性地吃人参果（蕨麻）、牛羊肉（手抓）等食品。

这天全家人欢聚在家，互道祝福，不说不吉利的话，不做不吉利的事，除看望父母及长辈外，亲戚朋友互不串门拜年。有些家庭到寺院敬佛煨桑，或到神山撒"隆达"（经文纸）、挂经布。

才必

藏历年煨桑　蔡征摄

有关"晨星水"：藏民们认为，29日这天天亮前，在星光照耀下的河水是降自天界的甘露，流淌着雪狮的纯净乳汁，经菩萨洗礼的甘露能够净化人间的一切污秽和不祥。

背"晨星水"回家后：先向佛像供奉，然后在水中掺上牛奶供全家人梳洗。最后燃柏枝烧香、煨桑敬神、燃放鞭炮、呼喊"拉加罗"（意为愿神得胜之意）。

⑤大年初二：串门拜年

初二，开始互相拜年，彼此见面道一声"洛桑松"（新年好）"扎西德勒"（吉祥如意）。过年期间男女老少都穿戴一新，女孩们华丽的藏装和珍贵的饰物是节日里最引人注目的亮点。拔河、玩"贴核"（羊踝骨游戏）、摔跤、转圣山撒"风马"（藏语称"隆达"）等活动，会一直延续到正月十五。

藏历年串门拜年　蔡征摄

4 "银装素裹" 糌粑节

每逢藏历年二月二十二，玉树称多县格察卓木其古村都会在这个冰雪慢慢消融的时候举行一场盛会——糌粑节。它的到来意味着一年高原春耕劳作的开始。

拉开节日序幕的是祭祀尕多觉悟神山神鸟的传统仪式。被誉为神山尕朵觉悟管家的神鸟被供奉在格秀经堂中，雪白的颈项上挂着一串钥匙，据说这是开启尕朵觉悟神山财富、智慧、健康、福寿等宝库的钥匙。随着祭祀的"神鸟"被几名青壮年男性抬上山，整个村子一下沸腾起来，人们喊着"拉加罗"（藏语意为"祈福"），撒着风马，糌粑节才真正开始了。村民们你追我赶，互相泼洒糌粑，村里顿时变成一片白色的海洋，与山上的积雪交相辉映。

糌粑节　官群摄

三 迎亲滩外也有悲

婚娶风俗

丧葬习俗

Tips

迎亲滩因谁而名？

　　扎陵湖–鄂陵湖是著名的唐蕃古道经由地，据说当年吐蕃松赞干布便是在此迎候文成公主的。在两湖之间的措哇尕什则，便是迎亲之处：柏海迎亲滩。

　　公元640年，吐蕃宰相禄东赞到长安迎亲，唐太宗将宗室女文成公主嫁给吐蕃赞普松赞干布。第二年开春，文成公主由礼部尚书江夏郡王李道宗持节护送，从长安（西安）前往逻些（拉萨）。文成公主一行到达青海南部时，松赞干布派大臣则曲伦布前来迎接，他自己则在柏海（扎陵湖）畔扎下大帐，迎候公主的到来。送亲队伍经玛查理（今玛多县城）到达柏海后，李道宗以皇叔身份与松赞干布行翁婿之礼。之后松赞干布便陪着公主从柏海起程，沿着黄河而上，翻过巴颜喀拉山，渡过通天河，迤逦西行入藏，在拉萨举行了隆重而盛大的婚礼。

迎亲滩　曹生渊摄

婚礼进行时

藏族婚礼具有浓郁的民族风情和地域文化特色。严格来说，藏族传统婚礼可以举行三天两夜，随着汉族文化的融入，藏族婚礼也发生了一些变化。

①婚礼的准备

男方在向姑娘家正式求婚时，除带上哈达、砖茶、青稞酒等物品外，还要请一位能说会道、德高望重的长辈。经女方家人同意后，就开始选定婚期和送迎亲的良辰和队伍、邀请诵经祈祷的僧人……

②婚礼一早

新娘出嫁的早晨，父母不能出门，只能在家里与女儿告别、祝福，并为她赐予第一条哈达，这个时候新娘往往会大哭一场。出家门后，新娘被扶上马，接受

新娘出嫁的早上　才旺摄

送亲队的祝福。

③送亲与迎亲

送亲迎亲队：由双方家庭组织，迎亲人数不限，但只能单数不能双数，是专门为新娘所留，表示欢迎新娘从此成为新郎家的正式成员。

婚礼的两位重要人物：新娘的舅舅，象征新娘方的最高权威；"尼宝"，婚使，要品行好、有威望且能说会道。

"琼洁"仪式

在到新郎家一百米远时，新郎家人要以哈达和美酒举行"琼洁"仪式（敬酒献哈达仪式）。婚使以特定的琼洁词提问，敬酒者则要用说唱的形式作答，之后新娘接受哈达和美酒，舅舅则负责送陪嫁礼品"格赠"。

"格赠"，即九种陪嫁礼品（九牲畜、九绸缎、九兽皮等）。

新娘下马

新娘下马时要双脚踩在用青稞摆成的"卐"符号的白毡上，手捧供品绕煨桑台三圈才算进家入席。

新娘下马

④婚宴中

席间，新郎新娘互赠信物、接受长辈的祝福，也向长辈敬献哈达。之后，大家一边吃酒席，一边听婚使说唱"保西"（婚礼词），一起欢笑、互相赞美和祝福，气氛非常热闹！

⑤婚宴结束后

举行"保丁"（婚示仪式），展示新娘的嫁妆，再以歌舞庆贺。婚礼就在"扎西德勒"的祝福声中结束。

婚礼，因民族而异

蒙古族：新郎穿戴一新，在众人簇拥下到新娘家门口，蒙古包不是门紧闭就是伴娘在包前站成半圆，意为"拒娶"。同样以歌唱提问的形式对答才能进蒙古包。之后新郎要拜佛爷、灶神，向新娘双亲献哈达等礼物，并问安。女方继续对新郎考核，才能成功抱得美人归。新娘去到新郎家后，晚上举行晚宴。入洞房时，新郎假装失踪，最先找到新郎的人将会得到奖励。

蒙古族婚礼　张秉礼摄

回族：回族的婚礼一般都选择在"主麻日"（即礼拜五，这是回族穆斯林在清真寺聚礼的日子，回族以此日为吉日）。婚期前一晚新娘"大净"（按回族的习俗沐浴）。婚礼清晨新郎、伴郎沐浴更衣，换新衣后向女方家出发。女方家备有"双碗"（一碗烩菜，一碗米饭）招待迎亲队伍，吃完后念"尼卡亥"（《古兰经》中的婚姻家庭的教义），并向新人身上"撒四果"（核桃、红枣、花生、白果）。之后就可回男方家享受佳肴，新郎先用后新娘再用，新娘由两位"送亲奶奶"陪侍。

回族婚礼　殷生华摄

土族婚礼　曹生渊摄

有欢乐的时光，也会有失去亲朋时的悲痛欲绝。在三江源，丧葬的形式因为地方、信仰教派的不同而有所差异，但总体差别不大。

①丧葬的基本流程

临终前：请活佛、僧人念经。

去世后：先念使灵魂前往净土的《往生经》，将死者身上的衣服换成布料的。调整死者姿势成"坐化"状（修行有素的人，端坐安然而终），盖上印有经文的白布，铺上白毡安放到供佛或安静的房间。请僧人念超度经，设祭坛、点长明灯、供放食物，停放几天，以供亲朋吊唁。

送葬：日期由僧人推算选定，除僧人外，仅死者家人及至亲好友可送葬。

送葬品："都多"（殡石），"白羊毛绳"（穆然），用酥油、糌粑、茶叶等不掺荤的素食拌成"素"。

②丧葬的形式

传统丧葬形式有塔葬、火葬、水葬、土葬和天葬。因死者身份的不同会选用不同形式，比如对活佛、僧人往往会用塔葬和火葬，其他大多都通过天葬。

天葬台　闹布·文德摄

天葬

年龄越大的死者会被安放在位置更高的停尸点，有4位或更多僧人诵经、安放尸体，让鹫群啄食，直到被鹫吃干净为止，如果鹫没有吃饱，那家人以后就会感受到饥饿的痛苦。无论死亡原因和丧葬方式，家人们都会服丧49天，不参加任何娱乐活动、不洗脸梳头、不穿新衣、不宰杀牛羊等。每逢7天，还需到天葬台烧祭品、点长明灯，请人诵经，以此来"看望"死者，称为七期荐亡。

四　寺院宗教讲信仰

宗教文化

造型艺术——雕塑

1　藏传佛教与伊斯兰教

　　三江源地区是多宗教并存的地区，在漫长的历史长河中发展至今：藏族、蒙古族和民族杂居地区的一些汉族信仰藏传佛教；回族、撒拉族、保安族、东乡族等信仰伊斯兰教。而这两种宗教也始终成为三江源最主要的两大宗教信仰。

①佛教传播契机

　　藏传佛教是佛教重要的一支，在雪域高原成长起来的藏传佛教已有1300多年的历史了。在7世纪中叶，松赞干布统一了青藏高原，创立了通用的藏族文字，建立了吐蕃王朝。当时的百姓信奉名为"苯教"的原始宗教，这种宗教的祭祀方式非常落后，阻碍了社会的发展，而佛教在此时刚刚传入西藏，其禁恶扬善的思想逐渐赢得更多人心，因此渐渐成为雪域人们的精神支柱。到9世纪中叶，苯佛两教发生争端，圣贤们就带着大量佛经转移至三江源黄河谷地，至此藏传佛教开始在三江源地区广为传播。

②藏传佛教的雪山崇拜

山是藏人生活中不可或缺的一部分，对山的崇拜早就成为藏族传统。佛教传入藏区后，藏民的雪山情结也作为一种文化连同其他文化一并融入其中。佛经《俱舍论》中提到雪山的传说：从印度一直往北走经过9座山，其中一座是"大雪山"，释迦牟尼在世时，守护十万之神，诸菩萨、天神、人、阿修罗等通通云集在大雪山周围。当时正值马年，因此马年成为"大雪山"的本命年。

藏传佛教对神山圣湖的观念，折射出对自然和生命的敬畏、尊重。

③伊斯兰教的传播

公元7世纪初穆罕默德在阿拉伯半岛创立伊斯兰教。据记载，伊斯兰教于公元7世纪初的唐代传入中国，主要由阿拉伯、波斯及中亚地区来华的信仰伊斯兰教的穆斯林商人传入，这些地区当时被称为大食国，传播路径主要是丝绸之路。两宋至蒙元时代是伊斯兰教传入青海的主要时期，元朝政府甚至为长期居住的穆斯林修建了清真寺。明清时期，由于当时中央王朝的迁徙政策，大批内地穆斯林移居三江源，使其进一步发展，成为三江源地区较有影响的宗教之一。

④伊斯兰教的经济观

"从高原古城西宁到长江源头的沱沱河岸，从藏北万里草原到喜马拉雅山脚下的樟木口岸，无处不有回族商人的足迹。"在历史发展过程中，三江源地区的回、撒拉等民族具有从事商业的行为习惯和善于经商的民族性格。

伊斯兰教的教义鼓励经商，信教群众认为经商是神圣而光荣的职业，通过自己的努力经营获取利益是在享受真主赐予的幸福。同时提倡人们在经济贸易中必须公平交易、信守契约、合理获利、真诚待人、合法经商。

2 特别的宗教文化和节日

①酥油灯与转经

酥油灯　闹布·文德摄

转经筒

②转山与祭海

　　转山是一种盛行于藏区的宗教活动，每年都会有很多虔诚的信徒参加，特别是藏历马年的时候，转山的人数相当庞大，因为在藏历马年转山一圈相当于其他年份的十三圈，信徒是绝不会错过这个机会。

　　草原上的人们过着"逐水草而迁徙"的游牧生活，水好了草才会健康，牛羊才会肥壮，人们才能衣食无忧。所以说水是一切善的源头，被他们称为神物。因此居住在草原上的人每年都会祭湖以祈求人畜平安。

转山

转山

祭海　扎洛摄

转山活动　许明远摄　　　　　　晒佛　许明远摄

③雪顿节与萨噶达瓦节

雪顿节又被称为酸奶节、藏戏节或晒佛节，由藏传佛教格鲁派发展，人们会看藏戏、游园、看牦牛表演等。

萨噶达瓦节又称佛吉祥日，是佛教创始人释迦牟尼诞生、成道、圆寂的日子，人们通过大规模的转山来纪念这一天。

3 寺院里的佛像雕塑

三江源地区雕塑的盛行与人们的宗教生活紧密相关。佛教的传入和兴起、信徒的增多，越来越多的寺庙拔地而起，对佛像雕塑的需求也越来越多，它存在的重要性也越来越强。而这些佛像不都是金光闪闪的，还有一些是木雕像，或者是泥塑像的，除了寺院里，在藏民的日常生活中也随处可见。

①泥塑

泥塑的造价相对较低，因此往往成为各寺院的必有之物。

泥塑分为单色和彩色两种。单色指表面贴金箔，但面部用黑色和其他颜色描匀；彩色则用各种颜色进行描匀。大寺院内的泥塑佛像，一般都是泥塑后再镀金；不镀金的泥塑则在普通寺院、家庭里的小佛堂可见。

泥塑虽没有金属雕塑那么有气势，但因为其精湛的雕塑技术、栩栩如生的细微形态等，在寺院中占据了重要地位。而跟唐卡一样，藏族佛像泥塑同样要严格按照一定的规矩来雕塑。其中"擦擦"作为一般家庭信仰膜拜的器具和纪念性的制品最有特色。"擦擦"是藏语的音译，是指泥制的各种小泥佛、小泥塔等，也称作"脱模泥塑"或"泥制模压浮雕"。

②木雕

木雕主要是在门楣、帘、檐、柱头等建筑上雕花草动物，或者是引经板上的佛画及少量木刻佛像。木雕很大的一个特点是根据内容表现需要，抓住对象的特征进行夸张。有巨大的莲花，头大身小的飞天仕女，伞一样大的树叶等，都能给人留下深刻印象。

③酥油花 / 油雕

酥油花是用酥油和各种颜色掺和到一起，以圆雕的形式塑于木板上，在春节的宗教仪式上，摆设于僧众面前以供观赏和朝拜的雕塑。酥油遇热就会变形融化，所以只能在寒冷的低温下制作酥油花，制作艺人还必须将双手时时在冷水中浸泡以降温，十分艰苦。

传说酥油花形成于唐代，7世纪中叶文成公主进藏联姻，从长安带去一尊释迦牟尼鎏金佛像，藏族人民为表达崇奉释迦牟尼佛的心愿，敬献了用酥油塑制的花朵。从那以后，民间用酥油花敬献佛祖的习俗延续至今。

油雕　蔡征摄

五　露天剧院演藏戏

歌舞说唱——藏戏

1　羌姆，藏戏的前世

藏戏是从古代哑剧类的跳神仪式脱胎而成的，或者说是由羌姆逐渐演变而来的。而要说藏戏就得说羌姆，作为古老的宗教歌舞艺术，羌姆传播非常广，现在也是各大节庆不可或缺的表演！

羌姆又称"跳欠"。汉语意思是"跳神"，是一种宗教性舞蹈，凡是有藏传佛教寺院的地方，大多都要表演羌姆。

①羌姆的分类

主要分为"雅羌姆"和"贡羌姆"，分别指夏季神舞和冬季神舞，其中冬季神舞的规模一般更大更隆重。

②羌姆的舞蹈特点

舞蹈以面具为造型，有骷髅、勇士、牛头马面等，古朴粗犷，狰狞可怕，其目的就在于镇邪驱魔。表演者的服饰多为锦缎长袍，有的袍上还有狰狞造像，手持三叉戟、弓箭等，有独舞、群舞等，伴着节奏鲜明的鼓点，舞动粗犷豪放。

③羌姆的由来和发展

1200多年前，藏王赤松德赞邀请印度高僧莲花生大师（藏传佛教的主要奠基者）主持桑耶寺落成典礼时，大师将当地民间舞蹈和宗教教义教规相融合，创立了用于消灭当时佛教的最大敌人"黑魔如扎"的羌姆。

虽然在藏传佛教盛行的地方都在跳羌姆，但因为派系的不同，各地区各派系的

羌姆在举行日期、跳舞
程序、舞队构成和基本
舞法等方面也不尽相同，
但基本内容至今都没有
多大改变。

跳神·羌姆　图登华旦摄

④羌姆的意义

现在羌姆的内容仍
然保留着对魔鬼的惩罚
和对老百姓生活的庇护，
是一种对美和善的向往，缓解人们在现实生活中的迷茫，带来快乐和安慰。

2 藏戏，藏文化的活化石

藏戏，多以佛经传记和民间故事为内容，将跳神与歌舞融为一体，把过去单
纯的跳神从宗教仪式中分离出来，增加戏剧化，促使藏戏艺术诞生。

①藏戏的起源与剧种

藏戏藏语名叫"阿吉拉姆"，意思是"仙女姐妹"，据传最早由七姐妹演出，
剧目内容多是佛经中的神话故事。藏戏起源于 8 世纪，流传于藏、青、甘、川、
云的藏族聚居地区，涵盖了卫藏地区的"阿吉拉姆"剧、安多地区的"南木特儿"
剧和康巴、安多交接地区及果洛地区的"格萨尔"剧、四川的色达藏戏等。青海
安多地区的藏戏一般人们称之为"南木特儿"藏戏剧种，"南木特儿"系藏语音译，
是传记、故事之意。

②藏戏的取材及形式

藏戏取材于民间故事、神话传说等，是一种广场戏，即在广场上进行表演的戏剧。演出时，服饰、场景布置都较为简朴，乐器主要为鼓和钹。唱腔有长调、短调、诵经调、吉祥调等。

藏戏表演　图登华旦摄

③藏戏演出的一般流程：

开场白"颂"，表演祭神歌舞；正式演出"雄"，表演故事传说；结尾"扎西德勒"（"扎西"），以祈祷祝福。

④藏戏的发展——《松赞干布》

《松赞干布》属格萨尔的系列剧，是安多藏戏中的青海黄南藏戏，经过七十多年的流传改编。

唱腔更丰富：融入了喜庆调、悲歌调、格萨尔调等，吸收了民间歌舞曲、说唱等。

舞蹈更民间：与民间表演性舞蹈相联系，进行了改编。

乐器中西结合：除鼓、钹外，加入二胡、唢呐扬琴等民族乐器，再在以民族乐器为主的基础上吸纳西洋管弦乐器。

八大藏戏:《文成公主》《诺桑法王》《朗萨雯蚌》《卓娃桑姆》《苏吉尼玛》《白玛文巴》《顿月顿珠》《智美更登》。此外还有《日琼娃》《云乘王子》《敬巴钦保》《德巴登巴》《绥白旺曲》等,各剧多含有佛教等内容。

《文成公主》,演绎文成公主入藏经过以及入藏时的盛况,表现民族团结和藏族人民的智慧。

《朗萨姑娘》,讲述美丽善良的朗萨姑娘的婚姻悲剧,反映藏族妇女的苦难和愿望,具有浓厚的现实主义和宗教色彩。

3 祭祀舞,也盛行

除了羌姆和藏戏,还有由万物有灵观念引发的祭祀活动所产生的祭祀舞。

①祭祀舞的两大类——"巫舞""傩舞"

巫舞:主要是表现人类对神灵的祈求,比如求丰收、求雨、求子孙等,通过歌舞的形式向神献媚,以求神的护佑与恩赐。

傩舞:展现的是人类的另一姿态,借用面目凶残的面具,通过驱、打、逐的方式来向一切恶魔宣战,具有一定的抗争恶势力的意识。

年都乎村藏族、土族的"於兔"舞,土族"梆梆会"上的法师舞都算是祭祀舞。

②热贡鲁若 / 热贡六月会

从源头沿着黄河,在黄南藏族自治州,即热贡地区,有一种大型的祭祀舞蹈,叫"热贡鲁若"，因为这种舞蹈老是在每年的六月表演，所以当地人都称为"热贡六月会"。可以说"鲁若"是一种集宗教祭祀与群众娱乐于一体的民间综合表演艺术形式。

热贡鲁若以祭祀本村所敬仰的山神和地方神为主，一般有请神、迎神、拜神、娱神、祈祷、祭神、送神几个过程。

三种热贡鲁若

神舞"拉什则"："拉"是对神灵的泛称，"则"为娱乐、嬉戏；"拉什则"是娱乐神灵或以娱乐神灵为主要内容的舞蹈；

龙舞"勒什则"：意译为"娱龙舞"，鲁为龙神，是当地居民尊奉的主要神祇之一；

军舞"莫合则"：以反映战事为主，也有祭祀神灵如战神的成分。

热贡六月会盛况　张景元摄

热贡六月会上的舞者　张景元摄

热贡六月会上的舞蹈者两腮或背部各穿一根长约6寸的铁棍，用牙咬住，铁棍上缀着红色的丝穗，而并未见有血迹，以此表达对神的虔诚和膜拜。

六 民间演出说史诗

歌舞说唱——史诗《格萨尔王传》

1 藏民的百科全书《格萨尔王传》

与《荷马史诗》《罗摩衍那》《摩诃婆罗多》等史诗不同，《格萨尔王传》是世界上唯一一部活着的史诗，它是通过一代又一代说唱艺人的吟唱传承才走到今天。这一藏族英雄史诗，也是迄今为止世界上最长的一部史诗。

①史诗的主角：格萨尔

格萨尔王是古代藏族人民心中的英雄，备受世人的称赞和颂扬。格萨尔王5岁时与母亲移居至黄河之畔，13岁时在部落的赛马大会上获胜并得到王位，迎娶了嘉洛之女珠牡。从此南征北战、东讨西伐，降伏了不少部落和国家。

根据藏文史籍和实物遗迹，大部分学者 相信格萨尔确有其人，认为他于公元11世纪左右出生在四川省甘孜州德格县的阿须草原，一生戎马，征战四方，主要活动范围在四川省的康巴地区及青海省果洛、玉树等地。

格萨尔王雕像 付洛摄

格萨尔博览园

曲麻莱县的格萨尔王登基台遗址，扎陵湖、鄂陵湖、卓陵湖边的嘉洛、鄂洛和卓格的旧城遗址，玛多县建造的格萨尔博览园，寺庙里供奉的格萨尔王像等使得三江源大地都有英雄的身影。

②史诗说唱了什么？

史诗《格萨尔王传》讲述了英雄格萨尔率领骁兵勇将南征北战、除奸清邪、降魔伏妖，救百姓于水火苦难之中的故事。从目前对史诗的说唱本、手抄本等资料的收集整理来看，共有120多卷、100多万诗行、2000多万字。语言美妙，想象丰富，生动再现了古老的藏文化和藏族人民生产斗争的知识经验，史诗中蕴含了藏族从原始社会到近现代历史、政治、军事、宗教等内容，被称为藏族人民的"百科全书"。

格萨尔说书　图付洛摄

Tips

推荐一本阿来的书

阿来说：在康巴大地的一山一水间、一石一寺中，都飘荡着藏族英雄格萨尔王的传奇身影。而读他的小说《格萨尔王》，能够更详细地了解藏民族从原始部落联盟到国家产生，从格萨尔作为天神之子降生人世，到称王、降妖伏魔、安定三界，最终返归天界的历史，感受藏民族独特的文化精髓。

说唱艺人，史诗的活水源头

说唱艺人是《格萨尔王》史诗代代流传的核心，保护好他们，也就保护好了史诗的活水源头。

要说青海省果洛藏族自治州说唱艺人中最具代表性的人物，那一定非德尔文部落的昂仁莫属。他从8岁开始说唱，一生能演唱94部《格萨尔王》史诗，在传承人中地位颇高。

说唱艺人昂仁　付洛摄

老人受邀参加过各种说唱表演活动，还被国家四部委授予"优秀说唱家"称号。

2012年，昂仁病逝，他的子女继续传承着他的说唱技艺。在果洛州，由于大部分说唱艺人年龄偏大，史诗传承面临着"人亡歌息"的窘境。果洛州在保护说唱艺人的同时，也在积极让《格萨尔王》走进校园。他们对史诗进行改编，由童声合唱团进行演唱，通过创新文化传承的形式来传播格萨尔文化。

2 民间歌舞民风浓

藏族是一个能歌善舞的民族，这里流传着一句话"会说话的就能唱歌，会走路的就能跳舞"，也因此有很多民间广为流传的歌舞表演。

①歌曲——折嘎、拉伊、花儿

古老的曲艺演唱"折嘎"

意为"戴白面具的和善老人"。演唱艺人会手捧五谷，戴着写有藏文的面具，歌里是祈祷吉祥如意或颂扬佛祖等。折嘎艺人被藏民尊称为"如意宝神"，道具木棒称为"心之如意宝贝"。

藏族情歌"拉伊"

以青年男女的恋情为主要内容。有欢歌（甜蜜的恋爱生活并倾吐爱意时唱）、忧歌（失恋或遭受挫折或离别时唱）和奏歌（在骑马行走或放牧时唱）三种。

唱"花儿" 曹生渊摄

山歌"花儿"

产生并流行于甘、青、宁及新等省区，是这些地区的汉、回、土、撒拉、东乡、保安等民族及部分裕固族和藏族群众用汉语演唱的一种口头文学艺术形式。"花儿"也叫"少年"，分别指钟爱的女人、英俊的男人。"花儿"粗犷、朴野，有"三分歌词七分唱"之说，融入了许多方言俗语，不同民族对花儿的演绎也有所不同。

②舞蹈——伊、卓、则柔和热巴

"伊"和"卓"

广大藏区流行的歌舞多因粗犷、起伏大和丰富的表现形式而出名，而玉树的藏族歌舞更是如此。其中"伊"和"卓"就是非常典型的藏族舞蹈。

牛角胡

"伊"舞，也可以叫作"弦子舞"，由一名男子拉牛角胡在前领舞，其他人跟随他围圈跳舞，常常在藏族人民举行庆典时表演。

"卓"舞，也称为"锅庄舞"，分为"孟卓"和"确卓"两种。"孟卓"是由许多人围成圈的集体舞，多赞美自然和祝愿家庭和睦；"确卓"则更偏重于对佛祖的敬仰。

"则柔"和"热巴"

"则柔"一般是在丰收、婚嫁、祝寿等喜庆的场合时表演的舞蹈，配有歌唱，动作较简单。舞蹈自由、变化多样、节奏不快。

"热巴"舞则是流浪艺人为谋生而表演的舞蹈，分为"热巴"和"热伊"两种，"热巴"动作更复杂，"热伊"则通过模仿动物的声音和动作增加舞蹈的幽默感。

七　奶奶家里辨河源

探源文化

生态文化

河湟文化

1 苦苦追寻，探源不易

无论是对黄河源的执着、长江源的争执还是澜沧江源的迷茫，对江河源头的探索就是对民族之根、民族血脉的追索，就是对人类命运的思索。知道了"我来自哪里"，才可以继续思考"到哪里去"。而历史上对江河源的探讨，无疑促进了人们对三江源地区地形、气候、土壤、植被、风土人情等政治、经济和文化等全方位的认识和了解。

Tips

牦牛变成的长江黄河

相传，自从藏族的祖先创造出炮儿石、牧鞭后猎物增多了，日子一天天红火起来。忽然有一天跑来了两只神牦牛，这两只神牦牛为了保护藏民的猎物而同老虎们决斗。最后，一只的鲜血变成了黄河，另一只的鲜血变成了长江。

①黄河源的曲折

黄河是中华文明最早期开始发展的地区，在历史长河中占有重要的地位。所以人们对黄河源头的想象和探索开始得也非常早。

《洛书》称"河出昆仑"，但昆仑山在哪里，这个问题更难确定。

《尚书·禹贡》说"导河积石"，认为黄河出积石山。

张骞认为"重源伏流"，黄河源在地底潜行。

扎陵湖

星宿湖

最终从卡日曲、玛曲中确定了以约古宗列曲为源头的玛曲为黄河源的正源。

元代《河源志》不认可"重源伏流"。

明清开始关注巴颜喀拉山、星宿湖扎陵－鄂陵双湖。

1952年黄河水利委员会、1978年青海省测绘局、2008年青海省人民政府分别都组织了考察。

约古宗列曲

Tips

扎陵－鄂陵双湖的来历传说

扎陵－鄂陵湖，"黄河源头姊妹湖"，距黄河源头190多千米，其来历有个美丽的传说：

很久以前，巴颜喀拉山下居住着一对兄弟，母亲在他们断奶之后，把他们托付给村里人照顾，去了东方。兄弟二人长大后，去往东方寻找母亲，在黄土高原的一条大河旁喝足了甘甜的河水之后躺下休息，梦见一位中年妇人，对他们说你们的母亲正从事一项崇高的事业，哺育着千千万万华夏儿女，人类都亲切地称她为中华民族的摇篮。兄弟俩在梦醒后明白，原来他们的母亲就是黄河，于是兄弟俩遵照母亲嘱咐，回到故乡，摇身一变成了扎陵湖和鄂陵湖，为造福中华民族献出了自己的身躯。

②长江的三源说

黄河作为我们的母亲河，是抚育中华文明的摇篮。而长江在中华文明中的重要意义在很久之后才逐渐显现。所以以前人们对长江源头的探索不仅起步比黄河较晚，而且参与的人员也较少。但尽管这样，古人和现代专家仍付出了不少努力才最终确定了长江三源说。

战国至北魏，人们都认为长江发源于今甘肃天水，《尚书·禹贡》《山海经·中山经》等都认为岷山也就是天水西南的潘冢山，是长江的源头。

唐代唐蕃古道的发展进一步加深了人们的认识，明代地理学家徐霞客开始提出异议，认为金沙江为长江之源。

清代编著的《水道提纲》虽描述详尽，但也没有对沱沱河的位置了解清楚。

直至 1948 年，人们的认识仍较模糊，观点不一。1976 年长江流域规划办公室等部门进行了多次考察，提出"一源说""二源说"和"三源说"。最终在 1987 年确定了长江是"正源沱沱河、南源当曲、北源楚玛尔河"的"三源说"。

长江正源沱沱河　张景元摄

长江北源楚玛尔河　李晓东摄

③澜沧江源的迷离

澜沧江是亚洲唯一的"一江连六国"的国际河流，因为源头区的地理状况，且由于它与中原文化间的联系不是十分紧密，所以对澜沧江的认识和探源工作都开始得非常晚。

贞元元年，澜沧江第一次进入史书，《明一统志》卷87提到澜沧江的源头，徐霞客曾进行过实地调查。经过对澜沧江名称的确认，乾隆时期指出了澜沧江的两个源头"匝楚河"和"鄂穆楚河"。

正式的实地考察是6个法国人开始于1866年，但没能提供证据证明源头所在。之后美国探险家米歇尔·佩塞尔认为名为隆布拉的地方为源头。

1985年青海省地方志编撰委员指出源头在玉树杂多县西北、唐古拉山北麓的查加日玛西面4千米的高地。

1999年6月，中科院组织两支队伍进行考察，其中一支队伍确定澜沧江的正源为扎阿曲，发源于杂多县扎青乡海拔5514米的果宗木查（功德木扎）山；而另一支队伍认为的源头吉富山与前一队伍仅相距约6千米，一山之隔。

到如今，除确定了澜沧江正源为扎曲外，其正源在当地的位置仍无法在"扎那日根山""扎那霍珠地"和当地藏族传统认为的"扎西气娃湖"中完全确定。但当地政府将"扎西气娃湖"定为澜沧江的文化源头，吉富山谷定为地理源头。

自然信仰，深入人心

对藏族而言，世间万物都有存在的理由，都应给予尊敬和热爱。不仅佛教信徒会崇拜雪山，三江源有一套人人都遵守的信仰准则。

①自然崇拜

自然崇拜是指将自然物、自然现象、自然力当作有生命、有意志且有超自然力的对象加以崇拜。源于先民生活在生产力和认识能力均非常低下的时代，对天地万物的迷惑、恐惧、感恩等原因而产生。

天地崇拜

日月、星辰崇拜

三江源地区很多民族的先民与其他许多游牧民族一样信仰太阳，崇拜日月，认为生死祸福均由日月来决定。

火、水、山、石崇拜

动植物崇拜：青蛙、虎、猫鬼神、狗、植物

风云雷电等自然现象也会崇拜，认为它们是由许多神灵掌管，俗谓风有风婆、云有云神、雷有雷公、电有电母，各司其职，能降福于人间。

②生态文化观

敬畏自然，与自然和谐相处

三江源地处青藏高原内陆，最显著的气候特征是高寒、低氧、干燥和强烈的紫外线照射。正是生存环境的严酷造就了三江源各族人民对自然界及人与自然关系上更深切的体会。他们适应并敬畏环境，创造高原游牧方式，也创造了独特的民族文化。这里的人们驯养牦牛、藏羊，也与其他野生动物相互竞争，他们要主动适应、调整行为，最终与高原生态环境形成了相互依赖、相互并存的"人与自然和谐"模式。

遵循禁忌，保护自然资源

藏族人对生命的理解有独特性，他们认为每一个生命都有苦乐感受和生死过程，都应得到善待和爱护。一切生物只要生于此时此地，都有生存的价值和必要。人类只有保护的义务，没有侵犯的权利。那些宗教性的、看似原始甚至有违科学的禁忌中，蕴含着藏族的生态文化观，是保护生态平衡、保护自然资源的重要思想基础。

保护环境，奉行节制的生活方式

在自然资源开发和自然环境保护的基础上，三江源的经济条件是有限的，他们认为能够维持人的基本需求即可，不鼓励高消费。经济的发展要以维持高原整体生态环境平衡为前提，并要顺应生态环境的要求。

3 河湟谷地，值得一提

距离三江源国家公园不近，黄河和湟水的三角流域，被称为"河湟谷地"，在那里，许多民族和谐相处，形成了民族特色鲜明的河湟文化。

①纳顿节／七月会

源于青海省民和回族土族自治县三川地区（人为划分的三块平川，泛指现在的官亭镇和中川乡两个乡镇的平川区域），被誉为世界上最长的狂欢节（每年农历七月十二日至九月十五日）。

节日以会手舞开始，接着上演傩戏，以"法拉"结束。

会手舞是集体舞，在锣鼓声中载歌载舞，欢呼"大好大好"。

傩戏包括：体现农耕生产生活的"庄稼其"，反映三国故事的"关王""三将""五将"，以及具有神话色彩的傩剧"杀虎将""五官五娘"等。

纳顿节　曹生渊摄

"法拉"（意为通神的人）上场，将"钱粮"（纸剪的幢幡）从木杆上扯下，缠成团，再点燃祭天。

②梆梆会

梆梆会是青海互助土族自治县丹麻乡索卜滩沟土族最为盛大的民间传统宗教节日之一，从明朝万历八年延续至今，已有四百多年的历史。

节日专门会表演一种由普通人装扮成法师的法师舞，舞者穿着道家黑袍，5~7人不等，均手持羊皮鼓，一边转动鼓面敲击，一边随鼓点舞蹈，不断变换队形，也有前后空翻、海底捞月等高难度动作。而跳法师舞的目的还是酬神，以求得人畜平安、庄稼丰收。这样的跳神仪式会持续两个多小时。

③闹社火

河湟地区闹社火的历史十分久远，湟中县正月里社

闹社火

火活动进行得特别火。

"高台"，也称"高抬"，是一种古老的民间广场艺术，讲究"奇""玄""诡""险"，人物角色则来自传统戏曲。还有踩高跷、出灯宫（求火神）等表演。

④河湟皮影戏

皮影戏是用皮影制作的人偶来表演，融戏剧、文学、音乐等为一体的古老戏曲艺术，在三江源广大汉族地区深受欢迎。

河湟皮影戏历史悠久，源于陕西。一般都没有现成的剧本，靠一代代老艺人口传心授而成。对皮影艺人来说，那些戏词故事都在心里，张嘴便有，出口成戏。

有"大传戏"/连台本戏（如由《杨家将》《西游记》等改编的、可连续上演十天半月的戏），"单本戏"/窝窝戏（多为民间故事和神话传说，如《花园会》《忠孝图》）和折子戏（将雕刻和河湟地区地方唱腔"影子腔"结合，用乡土方言道白的形式）。

皮影戏　曹生渊摄

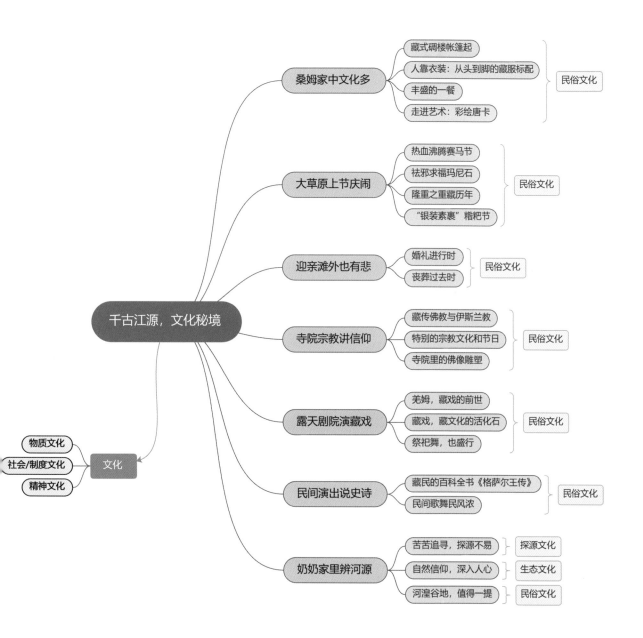

千古江源，文化秘境

桑姆家中文化多
- 藏式碉楼帐篷起
- 人靠衣装：从头到脚的藏服标配
- 丰盛的一餐
- 走进艺术：彩绘唐卡

民俗文化

大草原上节庆闹
- 热血沸腾赛马节
- 祛邪求福玛尼石
- 隆重之重藏历年
- "银装素裹"糌粑节

民俗文化

迎亲滩外也有悲
- 婚礼进行时
- 丧葬过去时

民俗文化

寺院宗教讲信仰
- 藏传佛教与伊斯兰教
- 特别的宗教文化和节日
- 寺院里的佛像雕塑

民俗文化

露天剧院演藏戏
- 羌姆，藏戏的前世
- 藏戏，藏文化的活化石
- 祭祀舞，也盛行

民俗文化

民间演出说史诗
- 藏民的百科全书《格萨尔王传》
- 民间歌舞民风浓

民俗文化

奶奶家里辨河源
- 苦苦追寻，探源不易
- 自然信仰，深入人心
- 河湟谷地，值得一提

探源文化
生态文化
民俗文化

文化
- 物质文化
- 社会/制度文化
- 精神文化

参考文献

［1］　宋娴. 青藏高原的秘密［M］. 上海：上海科技教育出版社，2018.

［2］　杨景春，李有利. 地貌学原理［M］. 北京：北京大学出版社，2005.

［3］　赵济，方修琦，王卫. 新编中国自然地理［M］. 北京：高等教育出版社，2015.

［4］　唐荣尧. 青海之书［M］. 西宁：青海人民出版社，2012.

［5］　张忠孝. 青海地理［M］. 北京：科学出版社，2009.

［6］　邱学永. 绿色青海，迷人风采［M］. 北京：经济日报出版社，2011.

［7］　刘持恒，李江海，崔鑫，许丽，范庆凯，王辉，张红伟. 青海可可西里地质遗迹及其构造演化［J］. 中国地质，2016，43（06）：2202-2215.

［8］　赵文津，宋洋. 青藏高原形成演化有待深化研究的几个主要科学问题［J］. 科技导报，2017，35（06）：23-35.

［9］　王鸿琼，赵吉梅，马建青，尚小刚，李永国. 青海坎布拉丹霞地貌形成演化过程分析［J］. 青海环境，2007（02）：81-83.

［10］　马宥卿，姜勇彪，郭福生，朱志军. 青海囊谦地区古近纪盆地丹霞地貌特征及其成因分析［J］. 东华理工大学学报（社会科学版），2013，32（03）：221-226.

［11］　康维海. 青海首次发现大面积白垩纪丹霞地质景观［N］. 中国国土资源报，2015-11-23（001）.

［12］　2345天气预报. 三江源冰川年均退15至20米最严重5年退百米［EB/OL］.（2013-12-14）［2019-05-12］. http://tianqi.2345.com/news/

2013_12_25130.htm.

［13］ 潘氏宗亲网. 中国大百科全书中国地理［EB/OL］.［2019–05–12］. http://book. pans.cn/ 其他历史书籍 / 专题类 / 文化 / 中国大百科全书中国地理 /Resource/ Book/Edu/JXCKS/TS090002/0009_ts090002.htm.

［14］ 华夏经纬网. 中国最大无人区可可西里［EB/OL］.（2004–12–03）［2019– 05–12］. http://www.huaxia.com/qqla/mj/2004/12/201850.html.

［15］ 豆瓣. 姜根迪如，姜根迪如……［EB/OL］.（2010–10–22）［2019–05–12］. https:// www.douban.com/note/96659795/.

［16］ 搜狐. 尕尔寺，盛开在悬崖峭壁上的圣洁莲花［EB/OL］.（2017–01–06） ［2019–05–12］. http://www.sohu.com/a/122871061_108350.

［17］ 欣欣旅游. 囊谦县然察大峡谷［EB/OL］.［2019–05–12］. https://yushu. cncn.com/jingdian/nangqianxianranchadaxiagu/profile.

［18］ 漂流中国. 故事 | 穿梭于三江源澜沧江大峡谷的"河流老师"［EB/OL］.（2018–12–18） ［2019–05–13］. https://mp.weixin.qq.com/s/cH3vamzuTY76Rh5sxBwGkg.

［19］ 搜狐. 西藏人文地理专栏回顾 | 昂赛丹霞，青藏高原发育最完整丹霞地貌［EB/ OL］.（2017–06–27）［2019–05–13］. http://www.sohu.com/a/ 152552736_231593.

［20］ 科普丹霞. 你不知道的丹霞冷知识［EB/OL］.（2019–05–07）［2019– 05– 13］. https://mp.weixin.qq.com/s/fhsKm2bxXZ89QAa27Zvpdw.

［21］ 国家发展和改革委员会. 三江源国家公园总体规划［Z］. 2018.

［22］ 国家发展和改革委员会. 青海三江源生态保护和建设二期工程规划［Z］. 2014.

［23］ 三江源国家公园管理局. 三江源国家公园生态体验与环境教育规划（征求意见稿） ［Z］. 2018.

［24］ 魏加华. 三江源生态保护研究报告（2017）水文水资源卷［M］. 社会科学文献出版社, 2018

［25］ 刘昌明. 今日水世界［M］. 2000.

［26］ 佚名. 高等学校试用教材水文学［M］. 1985.

［27］ 三江源国家公园［EB/OL］.［2019–07–18］. http://sjy.qinghai.gov.cn/.

［28］ 三江源自然纪录片——中华水塔［EB/OL］.（2017–07–26）［2019–07–18］. https://v.qq.com/x/page/m0529ahmyef.html.

［29］ 我国14年投入三江源地区生态保护资金逾180亿元［EB/OL］.（2019–04–15）［2019–07–18］. http://sjy.qinghai.gov.cn/article/detail/7933.

［30］ 新华社：监测显示三江源地区生态退化趋势得到初步遏制［EB/OL］.（2018–05–14）［2019–07–18］. http://sjy.qinghai.gov.cn/article/detail/2231.

［31］ 长江［EB/OL］.［2019–07–18］. https://baike.baidu.com/item/%E9%95%BF%E6%B1%9F/388#5_3.

［32］ 黄河流域有关数据［EB/OL］.［2019–07–18］. https://baike.baidu.com/item/%E9%BB%84%E6%B2%B3%E6%B5%81%E5%9F%9F%E6%9C%89%E5%85%B3%E6%95%B0%E6%8D%AE.

［33］ 澜沧江干流水电基地［EB/OL］.［2019–07–18］. https://baike.baidu.com/item/%E6%BE%9C%E6%B2%A7%E6%B1%9F%E5%B9%B2%E6%B5%81%E6%B0%B4%E7%94%B5%E5%9F%BA%E5%9C%B0.

［34］ 关于澜沧江—湄公河合作［EB/OL］.（2017–11–14）［2019–07–18］. http://www.lmcchina.org/gylmhz/jj/t1510421.htm.

［35］ 河源［EB/OL］.［2019–07–18］. https://baike.baidu.com/item/%E6%B2%B3%E6%BA%90/10913820.

［36］ 世界河流［EB/OL］.［2019–07–18］. https://zh.wikipedia.org/wiki/%E4%B8%96%E7%95%8C%E6%B2%B3%E6%B5%81%E5%88%97%E8%A1%A8.

［37］ 安全的水是必要的尼罗河流域［EB/OL］.［2019–07–18］.https://www.koshland-science-museum.org/water/html/zh/Sources/The-Nile-River-Basin.html

［38］ 亚马孙河［EB/OL］.［2019–07–18］. https://baike.baidu.com/item/%E4%BA%9A%E9%A9%AC%E5%AD%99%E6%B2%B3/155637?fromtitle=%E4%BA%9A%E9%A9%AC%E9%80%8A%E6%B2%B3&fromid=1430833.

［39］ 伊森，孙天予. 微妙的生态［M］. 北京：人民邮电出版社，2014.

［40］ 秦大河. 三江源区生态保护与可持续发展［M］. 北京：科学出版社，2014.

［41］ 邵全琴. 三江源区生态系统综合监测与评估［M］. 北京：科学出版社，2012.

［42］ 陈维达. 走近三江源 中国三江源头科学考察笔记 the Scientific Expedition Notes about the Origin of Three Rivers in China［M］. 北京：中国工人出版社，2011.

［43］ 王世红. 三江源森林资源现状及保护问题刍议［J］. 林业科技管理，2003（03）：46-47.

［44］ 陈卫平. 写给儿童的中国地理［M］. 北京：新世界出版社，2016.

［45］ 崔丽娟，刘鸣，赵欣胜，李洁. 认识湿地［M］. 北京：高等教育出版社，2012.

［46］ 白军红. 中国高原湿地［M］. 北京：中国林业出版社，2007.

［47］ 柯英. 湿地［M］. 兰州：甘肃文化出版社，2008.

［48］ 三江源国家级自然保护区［EB/OL］. ［2019-07-18］. http://www.sjynnr. cn/zrzy/zwzy/1591.html.

［49］ 地名网. 青海省果洛州班玛县［EB/OL］. ［2019-07-18］. http://www. tcmap.com.cn/qinghai/banmaxian.html.

［50］ 中国科普博览. 草原馆［EB/OL］. ［2019-07-18］. http://www.kepu.net. cn/gb/earth/grass/index.html.

［51］ 宋明慧，田得乾. 青海：三江源国有自然资源本底调查成果发布［EB/OL］. （2019-01-25）［2019-07-18］. http://www.gov.cn/xinwen/2019-01/25/content_5361034. htm.

［52］ 刘敏超，李迪强. 生物多样性优先性研究——以三江源地区为例［J］. 湖南师范大学自然科学学报，2007（03）：110-115.

［53］ 左凌仁. 大美三江源［J］. 中国三峡，2015（10）：116-128.

［54］ 三江源的生物多样性［J］. 青海气象，2007（04）：77.

［55］ 李轶冰，易华，杨改河，王得祥. 江河源区生物多样性问题研究［J］. 中国生态农业学报，2007（02）：193-196.

［56］ 曲艺，王秀磊，栾晓峰，李迪强. 基于不可替代性的青海省三江源地区保护区功能区划研究［J］. 生态学报，2011，31（13）：3609-3620.

［57］ 邓本太. 雪域之路 - 青藏高原的生态人文［M］. 西宁：青海人民出版社，2016.

［58］ 影像生物调查所. 三江源自然观察手册［M］. 北京：中国大百科全书出版社，

2015.

［59］ 查尔斯·罗伯特·达尔文. 物种起源［M］. 1859.

［60］ 三江源国家公园管理局，青海省生态保护和建设办公室. 绿色江源［Z/CD］.
2017.

［61］ 庄平,王飞,邵慧敏. 川西与藏东南地区杜鹃花属植物及其分布的比较研究[J]. 广西植物,
2013, 33（06）: 791–797+803.

［62］ 史军. 迎春花年年见，但你知道"报春花"吗？［EB/OL］. ［2019–07–18］.
https://new.qq.com/omn/20180316/20180316A117UL.html.

［63］ 巩红冬.青藏高原东缘报春花科藏药植物资源调查[J].江苏农业科学,2011,39（05）:
485–486.

［64］ 郑云峰，天地有大美：三江源地区的自然地理与野性生灵［M］. 青岛：青岛出版社，
2016.

［65］ 学习力网. 为什么高山上的花朵特别艳丽？［EB/OL］. ［2019–07–18］. http://
www.xuexili.com/why/1916.html.

［66］ 冬虫夏草是怎么形成的？［EB/OL］. ［2019–07–18］. http://www.nqch-
ongcao.cn/m/view.php?aid=188.

［67］ 李芬，吴志丰，徐翠，徐延达，张林波. 三江源区冬虫夏草资源适宜性空间分
布［J］. 生态学报，2014，34（05）: 1318–1325.

［68］ 中药材图像数据库［EB/OL］. ［2019–07–18］. http://libproject.hkbu.edu.
hk/was40/search?channelid=47953&lang=cht.

［69］ 武晓宇，董世魁，刘世梁，刘全儒，韩雨晖，张晓蕾，苏旭坤，赵海迪，冯憬. 基
于MaxEnt模型的三江源区草地濒危保护植物热点区识别［J］. 生物多样性，
2018，26（02）: 138–148.

［70］ 张胜邦. 青海三江源濒危野生植物一瞥［J］. 中国林业，2011（08）: 2–8.

［71］ 蒋志刚，李立立，胡一鸣，胡慧建，李春旺，平晓鸽，罗振华. 青藏高原有蹄类动
物多样性和特有性：演化与保护［J］. 生物多样性，2018，26（02）: 158–170.

［72］ 贾荻帆. 青藏高原珍稀濒危特有鸟类优先保护地区研究［D］. 北京林业大学，
2012.

［73］ 才嘎. 可可西里：青海可可西里国家级自然保护区10年战斗历程［M］. 西宁：青海人民出版社，2006.

［74］ 搜狐. 公益|世界雪豹日，和我们一起守护雪山之王，好吗？［EB/OL］.（2018−10−23）［2019−07−18］. http://www.sohu.com/a/270799192_556555 2018.10.23.

［75］ 吴岚. 谁能吃掉谁 中国特辑：三江源高寒地区食物链大揭秘［M］. 北京：中信出版集团，2017.

［76］ 左盛丹. 青海故事：一位美国老人和野生动物结情结［EB/OL］.（2015−10−09）［2019−07−18］. http://www.chinanews.com/sh/2015/10−09/7560642.shtml.

［77］ 西宁晚报. 青海省国家一级保护动物黑颈鹤种群扩大22只增长到200多只［EB/OL］.（2017−05−08）［2019−07−18］. https://view.inews.qq.com/a/CIG2017050802699602.

［78］ 李志强，王恒山，祁佳丽，马燕，聂学敏，鲁子豫. 三江源鱼类现状与保护对策［J］. 河北渔业，2013（08）：24−30+38.

［79］ 唐文家，何德奎. 青海省外来鱼类调查（2001—2014年）［J］. 湖泊科学，2015，27（03）：502−510.

［80］ 搜狐. 李雨晗：在三江源的这一年，看到前所未有的真实世界［EB/OL］.（2018−09−19）［2019−07−18］. http://www.sohu.com/a/254885867_382859.

［81］ 张劲硕. 我是Pika，不是皮卡丘；我是鼠兔，我属兔！［EB/OL］.（2017−02−15）［2019−07−18］. http://www.ioz.cas.cn/kxcb/kpwz/201702/t20170210_4742746.html.

［82］ 中国林业网. 中国牦牛［EB/OL］.［2019−07−18］. http://www.forestry.gov.cn/dw/wild_yak.html.

［83］ 雪豹保护网络［EB/OL］.［2019−07−18］. http://www.snowleopardchina.org/intro.php.

［84］ 董家平. 三江源文化通论［M］. 西宁：青海人民出版社，2009.

［85］ 玉树市地方志办公室. 玉树市统计年鉴（2016）［M］. 长春：吉林出版社，2017.

［86］ 陈一鸣. 热贡艺术：唐卡的前世今生［J］. 华夏地理，2013（133）：49-73.

［87］ 才让卓玛. 通天河畔的盛会——糌粑节［EB/OL］.（2015-04-14）［2019-07-18］. http://www.yushunews.com/system/2015/04/14/011690412.shtml.

［88］ 中国科学院地理科学与资源研究所，青海省旅游局. 青海省三江源地区生态旅游发展规划［M］. 北京：中国旅游出版社，2009.

［89］ 切吉卓玛. 浅谈青海藏戏的音乐艺术特色——兼评大型历史藏戏《松赞干布》的音乐特色［J］. 当代戏剧，2019（02）：69-70.

［90］ 雷庆锐. 藏戏《松赞干布》：民族和谐的恢宏赞歌［EB/OL］.（2019-01-27）［2019-07-18］. http://www.81.cn/gnxw/2019/01/27/content_9414882.htm.

［91］ 星全成. 热贡鲁若艺术的文化内涵［J］. 西藏艺术研究，1992（02）：72-77.

［92］ 阿来. 湖山之间故事流传［J］. 华夏地理，2009（89）：41-71.

［93］ 民族画报. 史诗的传唱者［EB/OL］.（2019-04-09）［2019-07-18］. https://mp.weixin.qq.com/s/JtDJkFHyYwBZMC-Zdnalog.

［94］ 张立. 论三江源自然保护区立法的民情基础——以藏民族生态文化为视角［J］. 民间法，2014，14（02）：378-388.

［95］ 郑云峰. 人与神共欢：三江源地区的民间信仰与民俗文化［M］. 青岛：青岛出版社，2016.

※ 本书中的手绘图参照了不同文献中的原图，在此对原图作者一并表示衷心感谢。

后　记

通过解说到理解，通过理解而欣赏，通过欣赏而保护。解说是一种沟通的工作，经由适当的解说可使自然与文化资源获得保护，减少访客游憩活动对自然的冲击，使资源得以保育并减轻污染，另一方面也可使访客得到丰富愉悦的游憩体验。由于社会的进步与需求，目前世界上的各个国家公园都不同程度地配置了解说从业人员。三江源国家公园作为我国第一个获得批复的国家公园体制试点，构建其解说系统显得十分必要。其中解说手册作为非人员解说方式的一种重要形式，其重要意义不言自喻。

为加强自然资源知识普及和成果宣传，为了厘清三江源国家公园解说资源的内外部环境状况，以及为了更好地贯彻《建立国家公园体制总体方案》及实施《三江源国家公园总体规划》，启动了编写《三江源国家公园解说手册》一书。几经磨难与困苦，此书终于成稿。回顾编写过程，酸甜苦辣，百感交集。在这期间，我们先后数次赴三江源国家公园各个园区考察、调研了三江源国家公园的地质地貌、水资源、生态系统、生物多样性和文化，足迹遍布三江源地区。编写小组每周一次讨论会，在讨论会上，编写组成员讨论整本书以及整本书的结构框架，整理编写思路。为了确保内容的充实性和准确性，我们积极、大量地搜集相关资料，举行专家咨询和探讨会。经过数次的完善和修改，此书终于完成，并与大家见面。在此书完成之际，内心有许多感谢需要表达。

感谢三江源国家公园管理局及其相关部门工作人员给予我们的极大支持。感谢在赴三江源国家公园各个园区考察期间，长江源区管委会、黄河源区管委会、澜沧江源区管委会、可可西里自然保护区工作人员，对我们的热情接待，并为我们提供了丰富的文本资料和电子资料。感谢三江源国家公园展陈中心的工作人员在书籍编写过程中为编写组成员提供了大量的数据、图片，在我们进行考察时，为我们提供了详细的考察路线。在我们遇到困难的时候，竭尽所能为我们提供帮助。感谢田俊量局长在在后续工作中给予了大力的支持，尤其是在论文终稿之际，针对书稿提供了宝贵的意见与建议。

感谢中国科学技术出版社社长助理杨虚杰女士，在获知我们正在编写此书后，在第一时间表示出极大的兴趣。双方达成出版意向后，并在后续出版过程中给予了极大的支持。在出版过程中，出版社编辑团队、美编团队与我们编写团队召开了许多次的讨论会，共同商讨书稿的细节之处，敬业精神让人敬佩。本书参照了王其钧和赵学敏等老师的相关资料制图，对此表示感谢。编写组成员有冯媛霞（第一章），吴梦瑶（第二章），王锦（第三章），张弦清（第四章），李霄（第五章），黄镜溢（第六章），蔚东英和李霄负责统稿。

通过编写此书，我们希望读者认识到三江源地区的地质地貌、水资源、生态系统、生物多样性和文化具有极高的生态价值、社会价值、经济价值、科研价值等，就如同我们切身感受到的三江源对于中国和世界的重要意义，也希望我们一同为它的保护和发展贡献一份力量。由于我们的学识、精力与水平有限，加之编写时间紧张，书中难免有不妥之处，敬请大家批评指正。

蔚东英

2019 年 7 月 31 日于北京